BEI GRIN MACHT SICH IHR WISSEN BEZAHLT

- Wir veröffentlichen Ihre Hausarbeit, Bachelor- und Masterarbeit

- Ihr eigenes eBook und Buch - weltweit in allen wichtigen Shops

- Verdienen Sie an jedem Verkauf

Jetzt bei www.GRIN.com hochladen und kostenlos publizieren

Bibliografische Information der Deutschen Nationalbibliothek:

Die Deutsche Bibliothek verzeichnet diese Publikation in der Deutschen National-
bibliografie; detaillierte bibliografische Daten sind im Internet über http://dnb.d-
nb.de/ abrufbar.

Impressum:

Copyright © 2018 GRIN Verlag
Druck und Bindung: Books on Demand GmbH, Norderstedt Germany
ISBN: 9783668821132

Dieses Buch bei GRIN:

https://www.grin.com/document/443886

Michel Felgenhauer

Einige Gedanken zum Dreidecker-Flug

Some Thoughts about the Triplane

GRIN Verlag

Einige Gedanken zum Dreidecker-Flug
Some thoughts about the triplane

Michel Felgenhauer, Berlin im Sommer 2018

A triplane is a fixed-wing aircraft equipped with three vertical stacked wing planes. The triplane arrangement may be compared with the biplane in a number of ways.
A triplane arrangement has a narrower wing chord than a biplane of similar span and area. This gives each wing-plane a slender appearance with higher aspect ratio, making it more efficient and giving increased lift. This potentially offers a faster rate of climb and tighter turning radius, both of which are important in a fighter. The Sopwith Triplane was a successful example, having the same wing span as the equivalent biplane, the Sopwith Pup. Alternatively, a triplane has reduced span compared to a biplane of given wing area and aspect ratio, leading to a more compact and lightweight structure. This potentially offers better maneuverability for a fighter, and higher load-capacity with more practical ground handling for a large aircraft type.
Zeppelin killers. A few British designers pursued the triplane configuration in the anti-Zeppelin role. From 1915, Armstrong Whitworth developed the F.K.5 and F.K.6 prototypes. These were large three-seat types with twin engines and the middle wing of noticeably longer span than the others. Then in 1917 Blackburn produced their single-seat triplane[1].
With the end of the First World War and the victory over Germany, the time of the further development of the triplane is over. Maybe that's why my thoughts on the triplane always pair with war equipment. I do not know who I treat more unfairly, the war or the technology.

Mi. Felgenhauer, About the Beauty of Weapon.

---

[1] nach: https://en.wikipedia.org/wiki/Triplane and see:
Angelucci, E. and P. Matricardi. World Aircraft - Origins-World War 1. London: Sampson Low, 1977.
Davilla, James (1997). French aircraft of the first World War. Flying Machines Press.
Green, William and Gordon Swanborough. The Complete Book of Fighters: An Illustrated Encyclopedia of Every Fighter Aircraft Built and Flown . London: Salamander, 1994. ISBN 978-0-8317-3939-3.

Flying Circus. Freiherr Manfred Albrecht von Richthofen (*2. Mai 1892 in Breslau; † 21. April 1918 bei Vaux-sur-Somme, Département Somme) war ein deutscher Jagdflieger im Ersten Weltkrieg. Er erzielte die höchste Zahl von Luftsiegen, die im Ersten Weltkrieg von einem einzelnen Piloten erreicht wurde. Den bekannten Beinamen „Der Rote Baron" erhielt von Richthofen, der einen Großteil seiner Einsätze (19 von 80 Luftsiegen) in mehr oder weniger rot gestrichenen Flugzeugen flog, erst nach dem Krieg. Der Ehrenname geht vermutlich auf ein englisches Nachkriegsbuch zurück, das seinen Titel „Freiherr", den es im Englischen nicht gibt, mit „Baron" übersetzte. Im Ersten Weltkrieg wurde von Richthofen auf französischer Seite « le petit rouge » (deutsch: „Der kleine Rote") oder auch « Diable Rouge » (deutsch: „Roter Teufel") genannt. In einem ganz in rot gestrichenen Fokker-Dreidecker Dr.I erlangte der Rote Baron Ruhm; in der Dr.I fand er den Tod.

Wegen der zahlenmäßigen Unterlegenheit der deutschen Fliegertruppe entwickelte Richthofen im Frühjahr 1918 eine Kampftaktik, die in die Militärgeschichte einging und von den Engländern "Flying Circus" genannt wurde. Richthofens Geschwader bestand aus der Elite der Fliegertruppe und wurde regelmäßig an Brennpunkten der Bodenkämpfe eingesetzt. Die Einheit war inzwischen völlig mobil geworden und konnte daher schnell den Standort wechseln. Zu diesem Zweck wurden die Flugzeuge demontiert und zusammen mit dem benötigten Material auf Lastwagen verladen zum Einsatzort transportiert. So konnte das Geschwader innerhalb kürzester Zeit in die unmittelbare Nähe der Front verlegt werden. Da die Alliierten sich über diese Taktik im Klaren waren und das Auftauchen des Geschwaders genauestens registrierten, verzichtete man auf deutscher Seite auf die sonst übliche Tarnfarbe an den Flugzeugen und malte sie stattdessen bunt an. Durch die Präzision, mit der die deutschen Flugzeuge geflogen wurden, sahen die Luftkämpfe aus der Entfernung wie akrobatische Kunststücke aus. Richthofens Autobiographie (1917) trägt den Titel „Der rote Kampfflieger".

Sein Geschwader erfuhr am 23. April 1918 durch die Alliierten vom Tod von Richthofens. Ein Jagdflugzeug überflog die Basis und warf folgende Botschaft ab: „An das deutsche Fliegerkorps. Rittmeister Baron Manfred von Richthofen wurde am 21. April 1918 in einem Luftkampf getötet. Er wurde mit allen militärischen Ehren bestattet."

Die Idee zum Fokker-Dreidecker stammte aus der Anschauung erfolgreicher Vorbilder der deutschen Kriegsgegner. Wie der Name vermuten lässt, hatte die britische Sopwith "TriPlane" drei übereinander angeordnete Tragflügel. Die

Triplane[2] basierte auf der umgebauten Sopwith Pup. Man erhoffte sich auf diesem Wege die Flügelfläche zu vergrößern, ohne eine erhöhte Belastung der Einzelflügel zu riskieren. Die TriPlane hatte eine ganz besondere Anmutung, und war mit einer Spannweite von acht Metern (Gesamt-Tragflügelfläche $F=25,4$ m^2) superkompakt. Im Betrieb bestach das Jagdflugzeug durch hervorragende Wendigkeit und einer Steigleistung in Bodennähe von $v_{VERT}=5$m/s. Angetrieben von einem Umlaufmotor (Clerget 9 B, mit einer Leistung von 130 PS) erreichte die TriPlane eine Höchstgeschwindigkeit von 186 km/h.

Wir Techniknarren waren zu jeder Zeit die dämlichen Gehilfen der Kriegsherren und sind es heute noch. Als ich in den 70er Jahren als Wehrpflichtiger Panzerschlosser wurde, herrschte zum Glück in Deutschland der als Kalter Krieg bezeichnete Frieden. Nicht ausmalen möchte ich mir, welche fatalen Folgen die Faszination, ausgelöst von 750 PS einer Zwölfzylinder M60 Maschine[3] auf dem Wartungsprüfstand in Kriegszeiten und vor allem in meinem Hirn angerichtet hätte. BrainFuck[4]

The Beauty of Weapon

Als im Frühjahr 1917 dieses ungewöhnliche Flugzeug (die TriPlane) an der Westfront auftauchte und sich den rezenten Kampfflugzeugen überlegen zeigte, waren die Deutschen derart beeindruckt, dass binnen kürzester Zeit eine Vielzahl von Dreideckerkonstruktionen entstand. Darunter auch eine Konstruktion aus dem Hause Fokker. Die Herangehensweise bei der Entwicklung des Dreideckers aus einem Doppeldecker glich der britischen. Kurzerhand hatte man die zunächst als Doppeldecker konzipierte und für die österreichisch-ungarische Fliegertruppe geplante D.VI um eine dritte (obere) freitragende Tragfläche erweitert, so dass ein im Winkel von 13° gestaffeltes Tragflächensystem entstand. Die dritte Tragfläche, in der damals üblichen

---

[2] Die Sopwith Triplane war ein britisches einsitziges Jagdflugzeug des Ersten Weltkrieges in Dreideckerauslegung. Sie wurde von der Sopwith Aviation Company gebaut. Die Maschine basierte auf der Sopwith Pup. Um die Leistungsfähigkeit und Manövrierbarkeit weiter zu verbessern, wurde eine weitere Tragfläche integriert. Im Mai 1916 war der Prototyp fertig.

[3] Der Kampfpanzer M60 (nur „M60" – ohne Zusatzbezeichnung) ist ein Kampfpanzer aus der Zeit des Kalten Krieges aus US-amerikanischer Produktion. Antrieb Turbodiesel Continental AVDS-1790-2; 12-Zylinder, luftgekühlt750 PS (560 kW)

[4] Brainfuck (dt: „Gehirnfick") ist eine esoterische Programmiersprache, die der Schweizer Urban Müller im Jahre 1993 entwarf. Brainfuck ist für den ernsthaften Einsatz viel zu umständlich und zu ineffizient, aber geeignet, um die Methodik von Softwareentwicklung zu schulen. Speziell zeichnet sich Brainfuck durch ein extrem einfaches Sprachkonzept und hochkompakte Realisierung des Compilers aus, gleichzeitig wurde aber die (im berechenbarkeitstheoretischen Sinne) universelle Einsetzbarkeit nicht eingeschränkt.

hölzernen Holm-Rippenbauweise hatte eine etwas größere Spannweite, als die beiden ursprünglichen Doppeldeckertragflügel. Sicher gab es technische Ursachen, doch hatte damals wohl und hat heute genau diese leichte Dominanz des dritten Flügels, eine hohe ästhetische Kraft. Im Sommer 1917 begann man mit den Testflügen und entwickelte weitere Dreidecker-Prototypen mit unterschiedlichen Motorisierungen, unter anderem einer 160 PS starken Mercedes Reihenmaschine, bis man sich auf den 15,1 L Oberursel Ur.II 9-Zylinder-Umlaufmotor mit 110 PS festlegte.

Für die Typenprüfung benötigte man drei Flugzeuge, die nach Abnahme durch zentrale Abnahmekommission zur Fronterprobung gelangten. Kommandeur des Jagdgeschwaders I war Rittmeister von Richthofen, der die Fokker DrI - wie sie jetzt offiziell heißt - kritisch untersuchte. Die Längsstabilität ließ zu wünschen übrig; das kleine Flugzeug lag nervös in der Luft. Gleichwohl war ihre Wendigkeit ausgezeichnet, die kleine Spannweite eines Dreideckers erlaubte auf Grund des geringeren Trägheitsmomentes um die Längsachse ein schnelleres Rollen, sodass dieser besonders wendig sein, dabei aber die Manöver um die Lateralachse präzise ausführen konnte. Die Steigleistung war mit v_{VERT}=5.5 m/s beachtlich. Die deutschen Piloten konnten mit der Fokker DrI jedes alliierte Flugzeug mühelos auskurven. Sofern man fliegen konnte. Alleine der Startvorgang war nichts für Ungeübte und nach zwei tödlichen Abstürzen ohne Fremdeinwirkung im Oktober 1917, wurde ein Startverbot über den Fokker Dreidecker verhängt. Ab Februar 1918 wurde die DrI wieder an der Front eingesetzt, nachdem Fokker die Tragflächen verstärkt hatte.

Die Fokker Dr.I wurde bis zum Mai 1918 in der vergleichsweise geringen Anzahl von 420 Exemplaren produziert. Aber der Krieg hatte sich inzwischen verändert, der klassische Kurvenkampf an Bedeutung verloren und die Technik hatte sich weiter in Richtung Schnelligkeit und Höhenleistung entwickelt. Die Dr.I erreichte mit ihren ursprünglich 130 PS eine Geschwindigkeit von maximal 160 km/h. Auch die erheblich höhere Leistung von 160 PS bei 900 min^{-1} der nunmehr verbauten Siemens & Halske-Maschine SHII (W.Nr.1788) konnte das Konzept des Dreideckers, seine Idee, nicht retten. Der Dreidecker bot etwas, was man im Luftkampf nun weniger brauchte und die technische Entwicklung ging – wie immer in Kriegszeiten – mit sehr großen Schritten und gleichzeitig allerorts voran. Bei Siemens hatte man mit dem 18,6 L großen SHIII[5] bereits

---

[5] Der Sh.III des deutschen Herstellers Siemens & Halske war ein luftgekühlter Umlaufmotor mit 11 Zylindern, der im Ersten Weltkrieg entwickelt wurde. Die Zylinder mit dem Propeller drehten bei diesem Umlaufmotor mit 900 min^{-1}, während sich die Kurbelwelle in entgegengesetzter Richtung mit gleicher Drehzahl drehte, was zu einer effektiven Motordrehzahl (Kurbelwellenumdrehungen gegenüber dem Motorgehäuse) von 1800 min^{-1} führte. Daraus resultierten ein sehr guter Wirkungsgrad des Propellers und ein für Umlaufmotoren geringer gyroskopischer Effekt. https://de.wikipedia.org/wiki/Siemens_%26_Halske_Sh.III

eine mit 240 PS viel leistungsfähigere Maschine als den Halske-Motor im Programm, die sich aber für den Betrieb in der kleinen Fokker-Dreideckermaschine nicht eignete. Bei den Konstrukteuren und im gesamten Flugzeugbau wurde technischer Fortschritt mit immer höheren Geschwindigkeiten definieret. Das machte den Dreidecker zunehmend unattraktiv. Nach dem Ende der Kampfhandlungen 1918 wurden keine Dreidecker mehr in Serie hergestellt.

Wie wäre die Geschichte der Fliegerei und Entwicklung der Flugtechnik eigentlich ohne Krieg abgelaufen? Hätte es jemals Dreideckerflugzeuge gegeben? Niemand braucht ein wendiges, steigleistungsstarkes Fluggerät, wenn er nicht gerade mit seinen Nachbarn in Krieg gerät. D3, Wozu soll das gut sein? Fünf Meter pro Sekunde? Und wie schön sie ist, die kleine, süße Fokker. Dafür kannst Du Dir im Frieden auch nichts kaufen. Ästhetik spielt als Gestaltungsabsicht bei Kriegswaffen eine absolut untergeordnete Rolle. Dennoch taucht sie unmittelbar und auf eine magische, vielleicht sogar natürliche Weise auf. Aber sie taugt nichts, macht den Dreidecker nur zum Harlekin. Zum Glück und irgendwie irreal ist da noch eine technische Barriere, eine Geschwindigkeitsgrenze. Andere TriPlane Hersteller hatten fast das Doppelte der (Anfangs-) Leistung der kleinen Focker im Programm, kamen aber über eine Höchstgeschwindigkeit von 200 km/h, vielleicht maximal 220 km/h (SPAD SXIII, Frankreich) nicht hinaus. Es ist wie ein Potentialwall, gegen den man anfliegt und der nicht überwunden werden kann, nicht vom Dreidecker. Ganz schlecht im Krieg. Maximal etwa 200 km/h. Mehr ist nicht drin. Das merken wir uns mal an dieser Stelle.

The Beauty of Weapon

Vor dem Krieg. Die Tragflächen waren einseitig segeltuchbespannte und vollkommen flache Bambus-Konstruktionen. Für die Motoraufhängung an der mittleren Tragfläche und das Fahrwerk wurden Stahlrohre verwendet. Der luftgekühlte Sechs-Zylinder-Zweitaktmotor mit 36 PS wog 54 kg und war ein Eigenbau von Grade, dem Konstrukteur. Mit dem Sechszylinder vergleichbare Automobilmotoren zwischen 30 und 50 PS wogen damals mindestens 170 kg. Der Grade Dreidecker. Für manche kritischen Betrachter konnte lediglich die leichte Konstruktion in Verbindung mit dem recht kräftigen Motor den gelungenen Flug Grades erklären. Seinen ersten Überlandflug mit einem

Dreidecker führte Grade[6] dann am 9. April 1911 durch und erzielte einen Tag danach mit diesem Flugzeug einen Höhenrekord von 1.450 m.

Lag da der Krieg schon in der Luft? Wörtlich gesehen? Oder war der Grade Dreidecker eine zivile Entwicklung? Das wollte ich herausbekommen, nachdem ich bei einer Exkursion ins Magdeburger Technikmuseum dieses filigrane Fluggerät an der Museumsdecke hängen sah. Wie schön sie ist. Die Informationen bleiben – einer halbherzig geführten Recherche geschuldet - zunächst eher dünn. Doch dann ergibt sich die Gelegenheit, dem Kuratorium für Technikkultur des Landes Sachsen Anhalt beizutreten und dem Dreidecker ein wenig näher zu kommen. Das Kuratorium führte das Technikmuseum Magdeburg bis ins Frühjahr kommissarisch. Meine erste Sitzung und gleichzeitig die letzte der kommissarischen Regentschaft steht im Zeichen der Rücküberführung in die Öffentliche Hand. Aus meiner immer noch sehr externen Sicht, kann das nur gut sein. Drinnen im Sitzungssaal ist man nicht so ganz dieser Meinung, habe ich den Eindruck; verlasse die Sitzung. Draußen in der Halle dann, werfe ich einen Blick nach oben auf den Grade-Dreidecker. Ohne in die Sammlung zu schauen, kann ich einfach nicht in ein Museum gehen, auch wenn das jetzt unhöflich ist. Immerhin könnte ich ja auch inkontinent sein. Eben. Wie hieß es noch in der Broschüre? „der Sechszylinder-Zweitakt-Motor war ein Eigenbau". Kann das überhaupt sein? Grade hat das einfach gemacht: Er braucht mal eben eine leichte leistungsfähige Maschine, haut da einen 2T-V6-Motor raus, denkt, zeichnet, baut ihn, schraubt ihn vorne auf den Dreidecker, fliegt damit rum, schläft kurz drüber, geht dann tags darauf mal eben auf 1400 Meter Höhe. Ganz ohne Antrag, ohne Arbeitskreis, ohne Marketing ohne Bewilligung. In so einem Museum gibt es unendlich viel zu lernen. Still gehe ich zum Sitzungssaal zurück. Schäme mich. Irgendwie.

The Beauty of Weapon

Aha. Nach Eintritt in das Magdeburger Pionier-Bataillon im Jahr 1907 begann Grade mit dem Bau seines ersten Dreidecker-Flugzeuges und unternahm am

---

[6] Johannes Gustav Paul „Hans" Grade (* 17. Mai 1879 in Köslin, Provinz Pommern, Preußen, heute Polen;[1] † 22. Oktober 1946 in Borkheide) war ein deutscher Maschinenbauer, Unternehmer und Flugpionier. Hans Grade besuchte von 1900 bis 1904 die Technische Hochschule in Charlottenburg, und war dort 1900 Mitglied der Berliner Burschenschaft Gothia. 1903 konstruierte Grade in Köslin sein erstes Motorrad und übernahm eine Motorenwerkstatt, die er bis 1905 führte. 1905 gründete er die Grade-Motoren-Werke GmbH in Magdeburg.

28. Oktober 1908 seinen ersten Flug auf dem Cracauer Anger bei Magdeburg. Ja, da könnte sich in Grades Hinterstübchen entsprechendes zusammengebraut haben. Es ging nicht um Mobilität alleine. Das Militärische steuert den Techniknarr, frisst sich Bahn im Männerhirn. Kriegsgeld finanziert letztendlich Knabenträume. Wer werfe da den ersten Stein, Micha?

Der Grade-Dreidecker war ein frühes Beispiel eines Ultraleicht-Flugzeugs aus Stahlrohr, Holz und Bambus. Steuerung mit Hängeknüppel um alle drei Achsen durch Verwinden der Flächen. Das ist natürlich genial. Der Zeit voraus. Aber damals wie heute saugen gerade die Genies den meisten Schimpf ein. Stand der Technik, Stand der Wissenschaft, das Design seiner Zeit. Grades Zeit.

In der rezenten Lehre heißt es immer, Ingenieure und Designer kommunizieren mit Zeichnungen. Später dann, draußen in der bösen Welt, kommunizieren sie mit ihrem Material. So ganz stimmt das natürlich nicht. Denn das, was in der (bösen) Welt sichtbar wird hat – anders als beispielsweise das Lösungsprinzip in der frühen Phase der Entwicklung eines technischen Produkts – noch ganz anderen Erwartungen Stand gehalten, ist durch eine vielschichtige Bewertungsmühle gedreht und multidimensionalem Evolutionsdruck ausgesetzt. Gewesen. Das, was wir auf dem Markt erblicken ist nur das selektive Ergebnis der Expression einer Idee. Oder vieler Ideen. Doch auch hier, auf der Ebene expressiver Gestalt nehmen wir Linien, Kurve, Flächen wahr. Wahrnehmungsphänomene und Ästhetik, deren definitorische Kurzform ja „sinnliche Wahrnehmung" lautet, dienen als Mittel der Kommunikation. Das muss auch damals, zu Grades Zeiten, gegolten haben. Zumal in Magdeburg, einer Hochburg des Maschinenbaus, der Luftfahrt, der Fliegerei. Vielleicht ging es doch nicht so sehr um Waffentechnik, sondern um den Traum vom Fliegen.

Die Materialien, die er verwandte: *Bambus*, die Profilkontur: *ergab sich wohl so*, der V6: *aus Einzylinderscheibchen*, das gesamte Szenario macht – bei allem Respekt – eher nicht den Eindruck einer vollständigen technischen Recherche, eines planvollen Voranschreitens, einer Hinarbeit auf die fällige Typenprüfung durch die zentrale Abnahmekommission, ausgearbeiteter Handbücher und einer Detailoptimierung in Hinblick auf die Zulassung zur Fronterprobung, sondern trägt doch eher die Signatur eines – wenn auch genialen – Heimwerkers. „Setz dich solange in den Garten, der Hans ist noch mal eben nach dem Hage-Baumarkt in Wusterwitz".

Was hat ihn bewegt, den Hans Grade. Wenn ich mir den Dreidecker anschaue, würde ich sagen: nein, der Krieg war es wohl nicht.

Es muss eine der Mobilität als Solchen einbeschriebene Eigenschaft sein, dass sie nur taugt, wenn sie mit hoher Geschwindigkeit erfolgt. Würde sie mir hier in Berlin nicht binnen kürzester Zeit unterm Hintern weggeklaut, führe ich wahrscheinlich eine Motobecane Velo Solex. Ist es nicht wunderbar so daherzutuckern? Ist Mobilität nicht ein Gut für sich?
Und dann das: Dieser Tage war in der B.Z. zu lesen: „Ein Mann radelt mit rund 80 Sachen über die Berliner Stadtautobahn und überholt auf der mittleren Spur ein Auto. B.Z.-Reporter Axel L. hat die Macher des E-Bikes eRockit besucht und ist Probe gefahren. Dasdingistsoschnelldasseseinemdenhelmvomkopfbläst! Alles klar?"

The Beauty of Weapon

Mobilität ist ein Gut für sich? Vielleicht ist Mobilität aber auch überhaupt nicht ein Gut, also eher ein Ungut an sich? Unzulässige Frage. Nirgendwann, zu keiner Zeit war Mobilität, der Traum zu reisen, der Traum zu fliegen, den Ort zu wechseln so positiv belegt wie heute. Niemals zuvor hat die Menschheit, haben wir einen dermaßen großen Anteil des täglich Erwirtschafteten in Bewegung und Beweglichkeit verwandelt; Anstrengungen unternommen Mobilität zu ermöglichen. Die Frage nach der Mobilität, ihrer Sinnhaftigkeit, ihrer Notwendigkeit auch nur zu erwägen, grenzt an Systemfeindlichkeit und Zersetzung. Wenn man Energie in Mobilität verwandelt, kann man das mit hohem oder niedrigem Wirkungsgrad tun. Was kostet mich die Strecke A nach B? Was kosten mich einhundert Kilometer Strecke? Was kosten sie der Welt? Der Umwelt. Ich kann die Strecke mit einem Hubschrauber bewältigen (20 Minuten) oder auf einem Pferd, dem biologischen Äquivalent einer Velo Solex (vier Stunden). Man kann aber auch laufen (20 Stunden).
Die beiden Allison 250-Turbinen eines BO 105 schlucken fette 300 L Kerosin pro Betriebsstunde, also etwa 120 Liter für 100 km. Das Pferd, respektive die Velo Solex braucht für 100 Kilometer 1. 4 Liter Zweitakt-Sprit. Am Ende meiner Wanderung per Pedes lockt das Big Mac Sparmenü[7] für 6,29 €, das meinem Körper satte (satte?) 3784 kJ Energie zuführt. Theoretisch arbeitet die Allison mit einer Art Dieselkraftstoff, der mich bei der Tankstelle meines Vertrauens 156 € kosten würde. Dafür gibt es aber ordentlich Treuepunkte und ab November dann das wertvolle Grillzangen-Set zum halben Preis. Diesen Mehrwert rechnen wir natürlich raus. Zweitakt-Sprit (1/50) für das Velo Solex

---

[7] Big Mac 2106 kJ + 0,4 Soft 710 kJ + mittlere Pommes 968 kJ = 3784 kJ http://www.kalorien-guide.de/kalorientabelle-mcdonalds.html

muss ich mir im Keller selbst zusammenmixen[8], dieserart kosten mich 100 km etwa 2.25 € und wir sehen ganz deutlich: Das Pferd gewinnt.

Perfekt ignoriert: Billiger geht es wirklich nur noch mit dem Pedelec. Der Standard-Boschmotor braucht in vier Stunden bei 25 km/h genau eine Kilowattstunde Atomstrom (brutto), der für 0,26 €/kWs aus der heimischen Dose blubbert. Solex-Liebhaber finden das gemein.

Der luftgekühlte V-Sechszylinder-Zweitaktmotor mit 36 PS wog 54 kg. Was hatte Grade da nur abgeliefert? V-Sechszylinder-Zweitakt. Das klingt wie eine Prüfungsaufgabe am Institut für VKM der TU Berlin aus den 80ern des vergangenen Jahrhunderts bei den Sondergebieten der Verbrennungskraftmaschinen von Prof. Dr. Pucher.
Oder nach einem Geheimprojekt. Komm mal mit, sagt Dieter König und reißt sich die Brille von der Nase. Meistens bedeutet das nichts Gutes. Ich folge dem Chef durch staubige Gänge, die mit Vorhängen die Kälte aussperren. In diesem Teil der Firma war ich bislang noch nicht.
Und hier stehen sie, die Exoten. Holzrennboote aus einer andern Zeit, Vater Königs erster Bootsmotor mit Anwurfleine, irgend ein Vehikel, ja ein Seitenwagen-Motorrad mit Unterflurmaschine und dann das: Der 250 ccm-Vierzylinder Boxermotor sieht im Rahmen einer BMW R60 irgendwie verloren aus! Siebzig PS sagt Dieter König nur, grinst wölfisch und schon ist die Plane wieder drüber. „Ich will Sie nachher auf der Bahn sehen". Und was wie ein Befehl klingt, ist in Wirklichkeit eine große Ehre für den Produktionshelfer.
Grade-V-Sechszylinder-Zweitaktmotor; diese Maschine würde ich mir gerne etwas näher ansehen. Von unten betrachtet sieht es aus, als wären sechs Zweitaktkurbelgehäuse nacheinander V-artig hübsch versetzt, aufgefädelt worden, die zwei Takte 2links, 2rechts. Wenn jede Einheit separat gespült und (Massenausgleichs-) gewuchtet ist, ergibt das wirklich Sinn. Sechs PS je Einheit, acht Kilo pro Stück. Ja, so hätten wir das auch gemacht, damals in den 80ern. So hätte ich das gemacht, muss man fairer halber sagen, denn die Anderen blieben vernünftig und konstruierten einen soliden Vierzylinder mit oben liegender Nockenwelle; so eine Maschine war immer eine sichere Bank als Konstruktionsaufgabe. „Ein Dreizylinder-Zweitakt-Diesel? Mit Roots-Gebläse?" fragt Pucher über seine Brille. „Wenn Sie das wirklich so wollen? Gut. Meinetwegen"

The Beauty of Weapon

---

[8] Modernes Scooter-Öl: 12 EUR / Liter; bei Mischungsverhältnis (1/50) quirlt man 20 ml auf den Liter Benzin ein.

Elektromotoren für ultraleichte Elektro-Flugzeuge wären heute wohl eine adäquate Antwort auf den Grade-Motor. Und eine Alternative? Gerade kürzlich meldet Comco Ikarus in Mengen den Erstflug seines erfolgreichen Zweisitzers C42CS als Elektroversion am 15.04.2018. Die C41 hat mit einer Spannweite von 8,71 eine Tragflügelfläche von 11,9 m2. Der komplette Elektrostrang der kleinen Maschine stammt von Geiger-Engineering. Der Elektroantrieb für die C42leistet 32 kW (50PS) im Dauerbetrieb. Das geplante Serienflugzeug wird mit vier Lithium-Ionen-Batterien betrieben, die zusammen etwa 60 kg wiegen und eine Flugzeit von 90 Minuten ermöglichen. Das E-Flugzeug soll die Fluggeschwindigkeit der rezenten C42 erreichen und nur unwesentlich teurer sein. Die Comco Ikarus C42 ist (natürlich) ein Eindecker. Sind Dreidecker im zivilen Leben einfach nur amüsant und putzig?

Auch keine Dreidecker, aber „kurzstartfähig" ist der Tragschrauber. Die Firma Auto-Gyro in Hildesheim baut 2015 den ersten Elektro-Tragschrauber der Welt. Zwei Jahre Entwicklung und 1,5 Millionen Euro brachten den ersten Elektro-Gyrocopter in die Luft. Das größte Problem des Elektroantriebs bleibt das Speichermedium. Die Batterie des Auto-Gyro ist mit 150 Kilogramm immer noch enorm schwer – allerdings ist ein Elektromotor mit 32 Kilo (Peugeot-E-Motor, der mit 80 kW, etwa 105 PS) deutlich leichter als der leistungsgleiche Benziner mit 90 Kilo. Zudem braucht ein e-Gyro keinen Tank, der randvoll weitere 80 Kilo auf die Waage bringt. 170 Kilo Gesamtgewicht in der Benzin-Varianten stehen 182 Kilo einer der Batterie-Variante gegenüber. Der Tragschrauber (Gyrocopter) ist ein Drehflügler, der in seiner Funktionsweise einem Hubschrauber ähnelt. Beim Tragschrauber wird der Rotor passiv durch den Fahrtwind in Drehung versetzt (Autorotation). Der Auftrieb ergibt sich aus der Rotation des Drehflügels. Der Vortrieb erfolgt, wie beim Starrflügel-flugzeug, meist durch ein Propellertriebwerk. Bei Tragschraubern gibt es in diesem Sinne keinen Strömungsabriss durch zu hohem Anstellwinkel (der Rotorebene). Im extremen Langsamflug verliert man massiv an Höhe, bis man wieder eine Strömungsgeschwindigkeit erreicht, die ein geordnetes Abfangen ermöglicht (normalerweise mindestens 100-110 km/h im Landeanflug und etwa etwa 60 km/h im Abfangbogen, doch zuletzt vor dem Aufsetzen nur noch 0-30 km/h). Darüber hinaus hat der Gyrocopter im Langsamflug eine etwas geringere Rotordrehzahl. Der Gyrocopter ist ein ausgesprochen sicheres Fluggerät, das selbst bei starkem Wind, Turbulenzen und Böen sehr ruhig und sicher fliegt.

Oder er fliegt gefesselt! Im Zweiten Weltkrieg führten einige deutsche U-Boote den unmotorisierten Schlepp-Tragschrauber „Bachstelze" mit. Er war zur Aufklärung mit einer Person bemannt und wurde an einer Leine hinter dem aufgetaucht fahrenden U-Boot geschleppt. Die Maschinen konnten bereits bei einer Geschwindigkeit von unter 30 km/h starten. Sie wurden allein durch die Geschwindigkeit des U-Bootes und durch den Wind angetrieben. Tragschrauber sind enorm robust und kompakt; die Bachstelze ließ sich zusammenklappen und war auf dem U-Boot in sieben Minuten einsatzklar, das Einpacken dauerte zwei Minuten. Alle modernen Tragschrauber benötigen nur eine sehr kurze Startrollstrecke von max. 100m bis zu sehr wenigen Metern. Die Landerollstrecke ist ebenfalls sehr kurz. Zur weiteren Verkürzung der Startstrecke kann der Rotor vor dem Start durch einen weiteren Motor oder eine Getriebeeinheit auf die Startdrehzahl beschleunigt oder auch von Hand angeworfen werden.

The Beauty of Weapon

Die MTOsport[9] der Firma AutoGyro ist ein moderner, doppelsitziger Tragschrauber mit einem Rotordurchmesser von D=8,40 m und einem max. Abfluggewicht von 450 kg. Die maximal zulässige Geschwindigkeit der MTOsport ist V_{NE}= 185 km/h, Reisegeschwindigkeit V_{Reise}= 110-140 km/h, die Minimalgeschwindigkeit: V_{min}=30 km/h und die Steigrate beträgt 4 m/s. Mit einem Rotax 912 ULS (100 PS) Motor hat die MTOsport eine Startrollstrecke von 10 bis 70 m, eine Landerollstrecke von 15m bis 0m und ist damit ein ESTOL. Start- und Landerollstrecken von Luftfahrzeugen sind klassifiziert. Als Startstrecke wird hierbei diejenige Distanz gemessen, welche die zum Start stillstehende Maschine bei Windstille und maximalem Startgewicht benötigt, um anzulaufen und ein 15 m hohes Hindernis der Höhe eines fünfstöckigen Hauses zu überfliegen.

		Bedeutung	Startstrecke in [m]
	CTOL	Conventional Take-Off and Landing	> 460
	STOL	Short Take-Off and Landing	305–457
	SSTOL	Super Short Take-Off and Landing	152–304
	ESTOL	Extremely Short Take-Off and L.	< 152
	VTOL	Vertical Take Off and Landing	< 1

---

[9] AutoGyro GmbH, Dornierstraße 14 in 31137 Hildesheim

Leider wissen wir vom Grade-Dreidecker einfach mal zu wenig. Es kann schon sein, dass er „gut in die Luft" kam. Oder auch nicht. Ob genau dies die Aufgabe war, die der Grade Dreidecker löst oder lösen sollte: die kurze Start- und Landestrecke? Das langsame Fliegen? Aus militärischer Sicht fatal. Nicht zielführend. Und auch sonst erscheinen die Neuen Dinge in Sachen Mobilität unattraktiv immer dann, wenn sie nicht schnellere Fortbewegung versprechen, als jene Dinge und Methoden des Stands der Technik. Das ist bemerkenswert. Denn wir verbinden automatisch Fortschritt mit (Fortschritts-) Geschwindigkeit. Eine Hinwendung zum Dreidecker ist damit automatisch dem Fortschritt abgewandt. Sie vollzieht keine Schritte nach vorn, sondern bewegt sich zurück in die Ebene. Das langsame Fliegen. Bei Mehrdeckersystemen haben wir oben einen schlecht zu überwindenden Geschwindigkeitswall beschrieben, der etwa bei 200 km/h zu liegen scheint. Mein Gott; das ist nicht wirklich langsam. Sechsundfünfzig Meter pro Sekunde; über 100 Knoten Speed. Eigentlich eine Ansage. Wann spielt Geschwindigkeit wirklich keine Rolle? Was das Fliegen betrifft, wissen wir das nicht. Weiß ich das nicht.

Letztens im Regen. „Komm schnell, damit wir es aus dem Regen schaffen", ruft sie. Ich sage: „das ist vollkommen egal, so nass wie wir bereits sind. Außerdem: wenn Du rennst, wirst Du nur noch nasser." Das glaubt sie mir nicht und wir stehen nun im Regen und streiten. Mit einer hohen (Körper-) Geschwindigkeit v_K bin zwar schneller zu Hause. Ich halte mich also kürzere Zeit im Regen auf. Im gleichen Regen, in dem ich mich auch langsam bewegen kann; in dem ich mich dann länger aufhalte. Tropfen, also singulär auftauchende Nässe, sagen wir: Kollisions-Ereignisse, sind – zumindest bei Regen - Feldgrößen und haben eine gewisse Aufenthaltswahrscheinlichkeit hinsichtlich des Korridors, (im drei-dimensionalen Feld) durch die sich meine Körpergestalt aufhält für eine gewisse Zeit; den sie „aufspannt". Auch bezüglich dieses Korridors besitzt mein Körper selbst eine Aufenthaltswahrscheinlichkeit, die größer Null ist. Es treffen mich ja nicht alle Tropfen in diesem Korridor, durch den ich mich mit einer hohen oder geringen Geschwindigkeit bewegen kann. Manche sind schon weg, wenn ich komme und flutschen in den Gully, andere sind einfach mal zu spät dran, erreichen meinen Korridor, wenn ich schon durch bin, sehen meinen Rücken und können also kein Kollisionsereignis mit mir feiern. Gefragt, hätte ich gesagt, dass so ein Regentropfen vielleicht eine Fallgeschwindigkeit von einem Meter pro Sekunde haben könnte. Und das wäre damit vollkommen falsch. Nach Stokes[10] gilt für die Fallgeschwindigkeit von Partikeln (mit D~1mm)

---

[10] https://de.wikipedia.org/wiki/Regen

die Zahlenwertgleichung $v_T = 2\rho_W \cdot g \cdot r^2 / 9 \cdot \pi \cdot \eta$, mit der Dichte des Partikelmediums $\rho_W[kg/m^3]$, der Erdbeschleunigung g=9.81 $[m/s^2]$ dem Partikelradius r [m] und der Viskosität der Luft η_L=17.1 $\cdot 10^{-6}$ [Pa·s]. Als grobe Abschätzung empfiehlt sich folgende Faustformel: Fallgeschwindigkeit in [m/s], Tropfendurchmesser D in Millimeter (nur von 0.5 bis max. 1.5 mm Tropfengröße annähernd richtig). Ein Tropfen mit einem Durchmesser von D=1 mm fällt mit einer Geschwindigkeit von $v_T \approx 6$ [m/s], etwa 20 km/h! Die Geschwindigkeit der Tropfen und meine Körper-geschwindigkeit bilden dann ein orthogonales Geschwindigkeitsdreieck aus, in dem eine „Scheinbare Relativgeschwindigkeit" auftaucht. Es könnte nun sein, dass ich am wenigsten nass werde, wenn diese Relativgeschwindigkeit – sie korreliert mit der Wahrscheinlichkeit von Kollisionsereignissen - ein Minimum ist. Bei einer bestimmten Körpergeschwindigkeit v_K=6 [m/s] wäre genau das der Fall. Der Langsame sammelt mehr aus vertikaler Richtung ein, der Schnelle holt sich die größeren Anteile aus der horizontalen Beaufschlagungs-Richtung, wird am Bauch nasser. Hier kommt dem Langsamen noch das günstige Längen-Breiten-Verhältnis menschlicher Körper im Allgemeinen - das entlarvenderweise Schlankheitsgrad λ >1 heißt – zu Gute. Weil ich aber trotzdem ganz schön nass werde, vermute ich, dass dies nicht die Antwort auf die anfangs gestellte Frage ist und ich die tatsächliche Tragweite des Problems hoffnungslos unterschätze. Trotzdem habe ich das unbestimmte Gefühl, dass uns das Regenproblem auf den richtigen Weg bringt. Kollisionsereignisse, Friktionsereignisse und Aufenthaltswahrscheinlichkeiten. Ist das also wirklich so dass, wenn Du langsam durch den Regen läufst, auch nasser wirst?

Kann es denn selbst hier keinen guten Grund geben, langsam zu sein, langsam zu fliegen? Der Langsamflug des Dreideckers erscheint sympathisch aber gleichzeitig nicht in die Zukunft weisend. Über den Energieverbrauch für eine bestimmte Strecke haben wir oben schon gesprochen. Es ist aus physikalischer Sicht und auf den ersten Blick vernünftig, schnell zu fliegen. Eine Verdoppelung der Geschwindigkeit bewirkt eine Vervierfachung der Auftriebskräfte. Unter Beibehaltung der Konstruktion. Eine Verdoppelung der Geschwindigkeit bewirkt ferner eine Verachtfachung der Auftriebsleistung. Das sind klare Argumente. Aber betrachten wir bei unseren theoretischen Überlegungen auch immer das passende Modell unserer Wirklichkeit? Der Wechselwirklichkeit?

Jagdflugzeuge ergeben im nichtmilitärischen Bereich keinen Sinn. Das ist Jammerschade, denn einige von ihnen sind von einer betörend sinnlichen Präsenz und Wahrnehmbarkeit. Das Design der Jagdflugzeuge und die damit im

Zusammenhang stehenden technischen Entwicklungen standen zu Kriegszeiten immer unter einem enormen selektiven Druck. Heute, im Rückblick auf diese Zeit, meine ich sagen zu dürfen: was gut aussieht, fliegt auch gut. Die äußere Gestalt der Jagdflugzeuge, ihre Kontur, ist zwar in erster Linie von aerodynamischen Gesetzmäßigkeiten bestimmt, gleichzeitig in hohem Maße aber auch von technischen, restriktiven Parametern abhängig. Vielleicht sind es aber gerade die Restriktionen, die Vorschriften, Gewichts- und Raumbeschränkungen, die den Designer „beflügeln"? Flugzeuge mit Sternmotor führen gerne die rotationszylindrische Form fort (Polikarpow I-16[11]), Reihenmotoren lassen zunehmend schlankere Konstruktionen zu (Bell P-39 Aircobra[12]), hängende Reihenzylinder gestatten geringste negative Krümmungen der Bugnasae (North American P-51 Mustang[13]), was außerordentlich elegant wirkt (Supermarine Spitfire[14]). Mit der Not-wendigkeit des Lufteinlaufs an der Rumpfunterseite präsentieren sich unverhohlen erotische Linienführungen (Curtiss P-40 Warhawk[15], Tomahawk, Kitty-hawk). Was gestalterisch passiert, wenn sich Konstruktionsparadigmen ändern, sehen wir beim Wechsel auf zweimotorische Konzepte. Die amerikanische Loocheed P-38H Lightning[16] hat eine betörende Linie. In dem Moment, wenn die gestalterischen Restriktionen des Antriebs auf die Konstruktion des (Primär-) Rumpfes wegfällt (Kyushu J7W-1 Shinden[17]), erscheinen manche Designs wie entfesselt. Allesamt gestaltet um zu töten. Es ist zum Weinen. Auch weil sie so schön sind.

The Beauty of Weapon

---

[11]Die Polikarpow I-16 war ein sowjetisches Jagdflugzeug aus den 1930er-Jahren mit einem Neunzylinder-Sternmotor. https://de.wikipedia.org/wiki/Polikarpow_I-16

[12] Die Bell P-39 Airacobra war ein Jäger des Flugzeugherstellers Bell Aircraft Corporation.

[13] Die North American P-51 Mustang ist ein einmotoriges Jagdflugzeug des US-amerikanischen Herstellers North American Aviation. https://de.wikipedia.org/wiki/North_American_P-51

[14] Die Supermarine Spitfire war ein Jagdflugzeug aus britischer Produktion. https://de.wikipedia.org/wiki/Supermarine_Spitfire

[15] The **Curtiss P-40 Warhawk** is an American single-engined, single-seat, all-metal fighter. https://en.wikipedia.org/wiki/Curtiss_P-40_Warhawk

[16] Die Lockheed P-38 Lightning (Aufklärungsvarianten wurden als Lockheed F-4 bzw. F-5 bezeichnet) war ein Kampfflugzeug der Lockheed Corporation.

[17] die Arbeiten an den ungewöhnlichen Flugzeug begannen im Jahre 1944. Kyushu Hikokai KK company. Der im hinteren Rumpf eingbaute18 Zylindern Mitsubishi MK9D Sternmotor und die mächtige Druckluftschraube mit ihren sechs Propellerblättern sollten der Shinden(Blitz) eine Höchstgeschwindigkeit von über 750 Km/h geben.

Erntefliegerin PZL-M18 Dromader, ehemals im Dienst der DDR Interflug[18].

Wrack einer CSSR-Baumuster LET Z-37 Cmelak; immer noch hummelhübsch.

---

[18] Luftfahrthistorischern Sammlung des Luftfahrtmuseum Finowfurt, Originalstandort eines ehemaligen sowjetischen Militärflugplatzes mit deutschen Wurzeln. https://www.luftfahrtmuseum-finowfurt.de

Die Maschine wurde in den 50er Jahren als Agrarflugzeug entwickelt, fliegt mit einer Höchstgeschwindigkeit von 180 km/h und kommt mit einem 175 kW-Motor aus. Dier Piper PA-25[19] ist nicht gerade eine besonders elegante Konstruktion, fasziniert aber durch ihre (gestalterische) Robustheit, die sie mit allen unschuldigen Schönheiten vom Lande[20] dieser Erde teilt. Sie ist einfach ein hübsches, fröhliches Ding - um an dieser Stelle mal alle genderspezifischen Konotionen außeracht zu lassen - und man verliebt sich auf der Stelle in ihre rustikale Linie.

Nun, gut. Natürlich gibt es frühe Prägungen, würde Artur Janov[21] sagen. Wer zu Zeiten der Berliner Mauer mit achtzig Sachen über die Transitstrecke durch Thüringen hoppelte, hatte hin und wieder eine Erscheinung der trabbi-gelben Art, die einen von unendlich vielen Schlaglöchern entnervten Wessi den einen oder anderen Autobahnkilometer auf Augenhöhe begleitete. Die polnische Erntefliegerin PZL-M18 Dromader.

Hatte ich je ein hässlicheres Flugzeug gesehen? Ich war sofort fasziniert. Auch das CSSR-Baumuster LET Z-37 Cmelak[22](dt.:Hummel), die im Vergleich zur polnischen Dromedar prinzessinnenschön ist und in ihrer robusten Anmut an die, damals im Westen eher bekannte Piper Pawnee aus dem Baujahr 1959 erinnert (siehe oben), sah man gelegentlich über die endlosen, volkseigenen Gülleplantagen knattern. Agrarflieger waren für mich immer das High-Light der Transitstrecke. Wie schade, dass auch dies - wir vergiften heute die Pflanzen viel eleganter gleich mit dem Saatgut - jetzt vorbei ist. Für die 600 PS starke, polnische PZL-106 Dromader wird eine Start- /Landerollstrecke von 200 [m] /160 [m] angegeben. Die tschechische hummelhübsche Cmelak kommt mit einem einen 9-Zylinder-Sternmotor Avia M 462 RF[23], der eine Startleistung von 230 kW (etwa 300 PS) aufzubringen in der Lage ist, aus. Kann das gutgehen? Offenbar funktioniert es. Bis 1975 produziert der 1950 gegründete tschecho-

---

[19] https://de.wikipedia.org/wiki/Piper_PA-25

[20] Die Unschuld vom Lande / The Country-Wife. Englisch / Deutsch. Reclam, 1972. The Country Wife ist eine Restaurationskomödie von William Wycherley aus dem Jahr 1675, die bereits in der Entstehungszeit als durchaus ausgesprochen erotisch galt.

[21] Arthur Janov, Dr. med., zunächst Psychotherapeut der Freudschen Schule, begründete 1967 die Urschrei- oder Primärtherapie.

[22] Das tschechoslowakische Flugzeug LET Z-37 A Cmelak (= Hummel) ist ein Spezialflugzeug für die Landwirtschaft. Die Z-37 wurde in der CSSR ab 1965 gebaut und in großen Stückzahlen bei der Interflug in Dienst gestellt. Haupteinsatzgebiet war dann der Agrarflug. Das Triebwerk war ein KTW M-462RF mit 230 kW Leistung. Die Startmasse betrug 1850 kg, die Geschwindigkeit wurde mit 185 km/h angegeben, und die Reichweite mit 600 km. Die spannweite beträgt 12,20 m.

[23] Der Iwtschenko AI-14 (russisch Ивченко АИ-14) ist ein sowjetischer Flugmotor. Das Kürzel AI nimmt auf den damaligen Leiter des gleichnamigen Konstruktionsbüros Alexander Iwtschenko Bezug, der für die Entwicklung des Triebwerks verantwortlich zeichnete. Nachfolger ist der Wedenejew M-14. https://de.wikipedia.org/wiki/Iwtschenko_AI-14

slowakische Flugzeughersteller Letecky Narodny Podnik ca. 600 Exemplare. 70 davon fliegen bei der DDR-Fluggesellschaft Interflug. Nach der Wiedervereinigung wird der Agrarflugbetrieb eingestellt. Außer einem Dasein als Museums-Objekt bleibt dem hübschhäßlichen Hummelchen keinerlei Karriereaussicht in einer schnelllebigen Welt. Es sei denn, wir betrachten das Langsamfliegen nicht als einem esoterischen Splin oder aus allgemeiner Alternativlosigkeit, sondern weil das langsame Fliegen aus einem schlecht messbarem Grund ökologisch klug scheint und außerdem mit einer durchaus erwünschten, sehr angenehmen Eigenschaft einhergeht, dem Starten und Landen auf einer kurzen oder sogar sehr kurzen Strecke.

Die Messerschmitt ME 262[24] war das erste in Serie gebaute Strahlflugzeug. Zwischen 1943 und 1945 wurden 1433 Exemplare der zweistrahligen Maschinen gebaut. Dem Laien erscheint die Rumpfform biologistisch, organisch. Der Hai unter den Jägern. Möglich wurde die – auch aus heutiger Sicht spektakuläre - Formgebung des Rumpfes durch den Umstand, dass die Strahltriebwerke dieses Kampfflugzeugs unter den Tragflächen angebracht werden mussten. Dem Konstrukteur wuchsen dadurch einige gestalterische Freiheiten zu, die ohne den evolutiven Stress des Kriegsgeschehens keine wirkliche und tatsächliche Umsetzungschance gehabt hätten. Man stelle sich vor, wie ein von modernen Marketing-Managern geknebeltes und über Nutzeranalysen gesteuertes Flugzeugunternehmen unserer Zeit diesen gestalterischen Ansatz von Oben nach Unten im Roland Berger'schen Sinne also TOP-DOWN niedergeknüppelt hätte! Niemals würde das Haifischmaul die frühe Phase industrieller Produktentwicklung überlebt haben. Es brauchte den Krieg.

The Beauty of Weapon

Mist. Es muss doch irgendeinen Grund geben, langsam zu fliegen. Es muss doch irgend einen Sinn ergeben, das Langsamfliegen zu erdulden. Wir sollen es ja nicht lieben, aber doch irgendwie ertragen können für einen guten Zweck. Was spricht denn gegen Drei- und Doppeldecker, außer dass sie so (unglücklich) langsam sind. Was spräche für den Mehrdecker? Aus heutiger Sicht?

---

[24] https://de.wikipedia.org/wiki/Messerschmitt_Me_262

O. K. Antonow (ANTONOV Aeronautical Scientific/Technical Complex) ist ein ukrainischer, früher sowjetischer Flugzeugproduzent aus Kiew, benannt nach Oleg Konstantinowitsch Antonow[25]. Die Antonow AN2 gilt als STOL-Mehrzweckflugzeug und ist mit einer Spannweite von 18,2 m der größte noch heute im Einsatz befindliche einmotorige Doppeldecker der Welt. Die AN2 war Oleg Antonows erster Entwurf einer einmotorigen Erntemaschine und zugleich seine Antwort auf den Auftrag des damaligen Ministerium für Land- und Forstwirtschaft der Sowjetunion für ein robustes, gutmütiges Universalflug-zeug. Gestalterisch vereint sie eine Reihe unterschiedlicher Stile, aber gerade das strahlt einen rustikalen Scharm aus. Regelrecht drollig, die auf Sichtflug konstruierte Pilotenkanzel; für die Fracht gibt es nur Bullaugen. Wie sie so dasteht, auf dem Gelände des Luftfahrtmuseums Finowfurt, ist die AN2 für mich der Prototyp eines Lufttraktors. Leider gab es auf dem wunderbaren und geräumigen Gelände nördlich Berlins außer der sehr netten Dame im Eingangsbereich keine an geringinformierte Laien interessierte Ansprech-partner. Vielleicht zum Glück. Der Familie blieb so ein Nachmittag vom Typ „Micha erzählt vom Kriege" erspart. Gleichsam war vor Ort nicht in Erfahrung zu bringen, ob das Fotografieren der Exponate verboten oder das Betreten der staubigen Stöberhallen erlaubt ist. Vielleicht folgt ja im Nachlauf dieses

---

[25] Oleg Konstantinowitsch Antonow (russisch Олег Константинович Антонов, wiss. Transliteration Oleg Konstantinovič Antonov; * 25. Januarjul./ 7. Februar 1906greg. in Troizi bei Moskau; † 4. April 1984 in Kiew) war ein sowjetischer Flugzeugkonstrukteur. https://de.wikipedia.org/wiki/Oleg_Konstantinowitsch_Antonow

Aufsatzes noch etwas nach. Gerne nehmen wir (jungen) Flugzeugnarren aber zusammenfassend zur Kenntnis und mit, dass es sich bei der Antonow AN2 ganz bewusst um eine STOL-fähige Mehrdeckerkonstruktion handelt. Aber es bleiben Fragen (.. an Radio Eriwan[26], hätte ich beinahe geschrieben).

Frage an Radio Eriwan: Stimmt es, dass Oleg Antonow in den 40er Jahren einen Dreidecker konstruiert hat?
Antwort: Im Prinzip ja.
Aber es war nicht Oleg, sondern seine Mutter Anna Jefimowna.
Und es war auch kein Flugzeug, sondern eine Hochzeitstorte.
Alles andere stimmt.

Auf jeden Fall gab es Schubladen, die erst nach dem Zweiten Weltkrieg aufgezogen wurden. Westliche und östliche Schubladen, die Nützliches bargen. Dinge für einen Neuanfang. Gibt es etwas Friedlicheres als eine Flugschar, einen Lufttraktor? Ja, gut, OK. Es ist das Privileg eines so richtig spät Geborenen naiv - mit Tendenz zu blöd - sein zu dürfen. Schließen wir also Waffen nicht aus. Die Frage, wie und warum uns die Mehrdeckerflugzeuge abhanden gekommen sind, ist einfach und gleichzeitig überhaupt nicht zu beantworten. Natürlich ist die Strömungsgeschwindigkeit das entscheidende Kriterium, wenn es darum geht, den notwendigen Auftrieb zum Fliegen zu erzeugen.

Liftkraft: $L = c_a \, \rho/2 \, A \, v^2$

Geschwindigkeiten v und v^2			
km/ h	m/s	$(m/s)^2$	
10	2,8	7.8	
50	13.9	193.2	
100	27,8	772.8	
200	55,6	3091.4	
500	138,9	19 293.2	

---

[26] Radio Eriwan (auch Sender Jerewan oder Radio Jerewan) ist ein fiktiver Radiosender, der unter dem sozialistisch-kommunistischen Sowjetregime Zuhörerfragen beantwortet. Dies entspricht einer Kategorie politischer, teils auch unmoralischer Witze, die in den sozialistischen Ländern des 20. Jahrhunderts „spielen". In der DDR kursierten diese Witze mit der typischen Einleitung „Anfrage an den Sender Jerewan: …?", in der Bundesrepublik mit „Frage an Radio Eriwan: …?" Die Antworten auf die Fragen beginnen zumeist mit „Im Prinzip ja, aber …"
https://de.wikipedia.org/wiki/Radio_Eriwan

Bei gleichem Auftriebsbeiwert c_a, gleicher Dichte ρ [kg/m^3] produziert ein Tragflächenelement ΔA [m^2] einen gewissen (Brutto-) Beitrag ΔL zu der vertikalen Liftkraft L [N] des Tragflügels immer dann, wenn axiale Anströmung mit der Geschwindigkeit v herrscht. In gleicher Weise, aber ein klein wenig komplizierter, liefert dieser Bilanzansatz auch eine axiale Widerstandskraft ΣW, die der Richtung der Anströmgeschwindigkeit entgegenwirkt. Die kleine Tabelle oben zeigt, wie eklatant sich das „Geschwindigkeitsquadrat" sowohl auf die Produktion von vertikaler Liftkraft als auch axialer Widerstandskraft ΣW auswirkt. Und noch Irgendetwas spricht gegen den „schnellen" Dreidecker.

Richard Knoller studiert an der Technischen Hochschule in Wien und schließt sein Maschinenbaustudium 1893 mit Auszeichnung ab. Er arbeitet in unterschiedlichen Maschinenfabriken auch außerhalb Österreichs und widmet sich dem Automobilbau. Mit L. Goebel gründet er eine Fahrzeugfabrik. Schon während seiner Zeit als Ingenieur beginnt er mit theoretischen Arbeiten und ersten Publikationen. Im Jahr 1899 ist er der offizielle Repräsentant Österreichs beim International commercial congress in Philadelphia. Ein Jahr später erhält er bei der Pariser Weltausstellung für eine Ventilsteuerung für Verbrennungs-kraftmaschinen die Goldmedaille. Ferner entwickelt er einen Dampfwagen mit einer Vierradbremse, welche mit einer Ausgleichseinrichtung gleichmäßig auf alle Räder wirkt.
Seine wissenschaftliche Arbeit beginnt er als Assistent an der TU Wien 1895. Knoller beschäftigt sich mit der zu dieser Zeit auch mit der in Österreich aufkommenden Flugzeugtechnik. Es entstehen Schriften über den Strömungs-widerstand von Flugzeugtragflächen und zur Flugstabilität. Ab 1909 ist er außerordentlicher Professor am neu errichteten Lehrstuhl für Luftschifffahrt und Automobilwesen der TU Wien. Er baut einen Windkanal nach Göttinger Bauweise aber mit senkrechter Luftführung. Sämtliche Einrichtungen und Geräte des Kanals werden von Knoller selbst entworfen. In den Kriegsjahren arbeitet er als Flugzeugkonstrukteur und kümmert sich zunächst um die Weiterentwicklung deutscher Baumuster. Die Tragflügel der Flugzeuge nach Knollers Bauart sind technisch dem Entwicklungsstand ihrer Zeit weit voraus, denn sie sind so konstruiert, dass sie ohne Querverspannung auskommen.
Es ist genau dieses Strebenwerk zwischen den Tragflügeln, das den enorm hohen Strömungswiderstand der Doppeldeckerkonfiguration bedingt. Die unverstrebte Mehrdeckertragfläche funktioniert strukturmechanisch, jedoch bekommt die von Knoller umgebaute Albatros Bl. keine technische Zulassung, weil man aus „theoretischer Sicht" um die mechanische Stabilität der Knol-ler'schen Konstruktion fürchtet. Die ursprüngliche Albatros soll später bei der

Ausentwicklung des Focker Dreideckers eine tragende Rolle spielen. Aber das weiß Knoller zu diesem Zeitpunkte noch nicht. Wie schade, dass die Knoller'schen Konzepte wenig Gehör fanden.

Der Air Tractor, den Sie heute fliegen, ist mit allem ausgestattet, was wir in den letzten 40 Jahren gelernt haben. Das Design der Flugzeugzelle, die Materialien, die Komponenten, das handwerkliche Können unserer Mitarbeiter dienen nur einem Zweck:Ihre Arbeit sicherer, einfacher und produktiver zu machen. Mehrwert beginnt mit Innovation. Nur Air Tractor bietet die größte Auswahl an Flugzeugen für jeden Einsatzbereich, von klein bis groß. Die Verpflichtung, unsere Flugzeuge besser zu machen - für den Piloten, die Industrie und die Umwelt - macht es zur besten Wahl.
Und das Engagement unseres Unternehmens, unsere Flugzeuge für den Piloten, den Betreiber, die Industrie und die Umwelt noch besser zu machen, war nie stärker[27].

Im Gespräch mit IHS Jane von der Paris Air Show 2017 sagte Pat P., Vice President Transport Programme bei L3 Technologies Platform Integration: "Die Kenianer haben uns speziell nach dem L3-konfigurierten Air Tractor gefragt, nachdem sie einen Markt sondiert hatten. Während dieser Zeit besuchten sie unser Werk in Waco, Texas und auch Air Tractor. Sie sahen sich das Flugzeug und das gesamte Programm an, kontaktierten dann die USAF und initiierten den FMS-Fall. Die USAF stellte daraufhin die Anfrage an L3. Es gab keine USAF Auswahlverfahren und sie reagierten nur auf eine spezifische Anfrage Kenias".
Das AT-802L Longsword kann mit bis zu 3000 kg Hellfire-Raketen, LAZU-19-Raketen, GBU-12 lasergesteuerten Bomben und 7,62-mm-Geschützen bewaffnet werden. Zu den Sensoren gehört ein elektrooptischer / Infrarot-Revolver MX-15D HD mit LaserScanner.

The Beauty of Weapon

Nach dem Ersten Weltkrieg musste der Windkanal zerstört werden. 1919 wird Knoller ordentlicher Professor an der TU Wien und wendet sich wieder der Lehrtätigkeit an der TU Wien und der Weiterentwicklung aerodynamischer

---

[27] Werbebroschüre AIRTRACTOR https://airtractor.com/

Theorien zu. Seine bedeutendste Untersuchung ist die theoretische Erklärung des so genannten „negativen Widerstandes" von Tragflächen.

Knoller, später auch Betz in Göttingen, weisen in ihren Veröffentlichungen darauf hin, dass man sich den scheinbar mühelosen Segelflug der Vögel ohne Aufwind, durch eine permanent wechselnde Anströmrichtung der beaufschlagenden Luft am Flügel erklären könne [W-1][Bet-12][Knol-09][Knol-13]. Die theoretischen Arbeiten zum "negativen Widerstand" liegen schon ein paar Jahre zurück, als Knoller den Wiener Windkanal in Betrieb nimmt, der im Gegensatz zu den waagerecht angeordneten Windkanälen in Göttingen und jenem der Forschungsanstalt Prof. Junkers in Dessau von senkrechter Bauart ist. Experimentell nachgewiesen wird der Effekt des "negativen Widerstands", der vor allem für das Flugwesen, insbesondere das Segelfliegen bedeutsam erscheint, durch den Nachfolger Knollers am Lehrstuhl für Luftschifffahrt und Automobilwesen an der TU Wien, dem Flugtechniker Richard Katzmayr.

Was ist nun der Kern des Knoller-Betz-Effekts, oder wie er später heißen wird: des Katzmayr-Effekts? Ein aeromechanisch wirksamer Tragflügel sei in Bewegung. Im körperfesten Koordinatensystem, der lagrange'schen Sichtweise, stellt sich der stationäre Betrieb des Flugsystems als ein (horizontal, vertikal und axialer) Zustand dar, in dem weder Roll-, Gier- oder Kippbewegungen auftauchen und Gravitation, Auftrieb, Widerstand und antreibende Kraft gerade ein Gleichgewicht bilden. Nun soll, ohne dass zunächst nach den Ursachen gefragt wird, die Anströmrichtung um einen kleinen Betrag variieren. In einem raumfesten Koordinatensystem, der euler'schen Sichtweise, erhält das bislang im Gleichgewicht befindliche Kräftesystem eine in Richtung der Vorwärtsbewegung liegende (axiale) Komponente, die 1. entlang der Wirklinie der Widerstandskomponente auftritt, 2. als Schub verstanden werden kann und damit 3. das Gesamtflug-system vorantreibt.

Für die Experimente, die der Mitarbeiter Knollers und spätere Nachfolger Richard Katzmayr durchführte, wird der Windkanal aufwändig umgerüstet. Bewegliche Ableitbleche in der Art einer Jalousie sorgen nun dafür, dass die aus dem Windtunnel austretende Strömung "abgelenkt" dem Messbereich, in dem sich ein Tragflügelsegment befindet, zugeführt werden kann. Der Tragflügel liefert tatsächlich den vorausgesagten Vortrieb und damit die Bestätigung der theoretischen Voraussagen von Knoller und Betz. Katzmayr veröffentlicht seine Messergebnisse [Katz-22]. Er schreibt in einem Fortschrittsbericht des National Advisory Committee for Aeronautics (NACA), Massachusetts Institute of Technology:

> *"Both from theoretical considerations and the observation of bird flight,*
> *we have learned that soaring flight is possible only when an airfoil can*

draw energy from the surrounding air; also, that this can be best accomplished in gusty weather. The correctness of the _above statement was, moreover, verified by the Rhone soaring flights of man- carrying, engineless airplanes in the autumn of 1921. Only qualitative tests had hitherto been made on the effect of periodic changes of the angle of attack of resisting bodies. These experiments also confirm the claim to a considerable reduction in the drag with only a slight influence on the lift". (und weiter unten..): "The experiments were performed with the Göttingen wing section G185. Its dimensions were 720 x 120 mm. It was subjected to three wind pressures p = 5, 10 and 20 mm of water and also to three different oscillation speeds of the model (20, 30, and 50 complete oscillations per minute) at different oscillation angles b. The latter were set at +/-9°, +/-12° and +/-15°, while the mean angle of attack a was given the values -6°, -3°, 0°, 3° and 6°." (und weiter unten..): "The results ..] [.. show, in both cases, change for the worse in the aerodynamic constants of the airfoil, in comparison with those for a motionless model in a uniformly flowing air stream. The change for the worse is greater for a larger number of oscillations per minute. In both cases, there is a marked increase in the drag, while the lift is only slightly diminished. The airfoil G413 was also tried under like conditions, the number of oscillations per minute being: 30 and 37.5".

(und weiter unten..): "The experiments are still far from being finished. At first no stability investigations were undertaken and the experimental methods are yet to be improved. It is however already established that the effect of flowing air, whose direction is undergoing constant periodical changes, is extraordinarily favorable on airfoils. The results show further that wing sections which exhibit favorable characteristics in a constant air flow, work still better in an oscillating current, and also that wing sections with high resistances are better in practice. Periodic oscillations, or parallel motions of the wings in uniformly flowing or even in an oscillating air stream, always considerably impair the aerodynamic properties".

In der englischsprachigen Welt, etwa am Massachusetts Institute of Technology (MIT) und dem National Advisory Committee for Aeronautics (NACA) wird in den frühen Jahren des 20ten Jahrhunderts die Forschung an den Laboratorien in Europa mit größter Aufmerksamkeit verfolgt. Eigene Experimente und theoretische Untersuchungen zum Katzmayr-Effekt werden bei der NACA durchgeführt. In einer unmittelbar auf die Veröffentlichung Katzmayr's angestoßenen Studie werden Evaluationsuntersuchungen für theoretisch ideale Strömung durchgeführt [Ober-25]. Shatswall Ober vom National Advisory Committee for Aeronautics kommt zu dem (vorsichtigen) Schluss, dass eine gewisse Unsicherheit im Wiener Messaufbau nicht auszuschließen sei, aber das von Katzmayr deklarierte Phänomen nicht gänzlich ausgeschlossen werden kann, insbesondere wenn dynamische Effekte in die Betrachtung eingeschlossen werden. Ober schreibt:

> *"That report confirms Katzmayr's results, yet contains no explanation or reason why an oscillating wind should recduce the airfoil drag. The purpose of this note is to offer a simple explanation of the cause of the Katzmayr effect." (und weiter unten..)*
> *"By the mathematical analysis it apears that the reduction in drag coefficient should vary as the square of the amplitude of oscillation. A small natural oscillation of direction of the wind stream would have exactly the same effect as an artificial produced oscillation. It is certainly not inconceivable that there may be an oscillation in wind direction of 1/2° at some wind speed in almost any type of tunnel."*

Shatswall Ober vom National Advisory Committee for Aeronautics nimmt den (wie ich mir vorstelle) kleinen, frechen Katzmayr nicht auseinander, sondern spricht von „Messungenauigkeit". Ein amerikanischer Gentleman. Aber ich meine oben wohl zwischen den Zeilen zu lesen, dass Ober dem Österreicher nicht so ganz traut. Immerhin haben nicht nur Deutschland, sondern auch die Ösis kurz zuvor einen Krieg verloren. In den USA bleibt man vorsichtig.

Grundsätzlich sind wir das heute ja auch. Aber nicht jetzt. Ich stelle mir vor: Knoller, das Vorbild, der große Chef, den es bald zu beerben gilt. Erfolgreich im Business, sattelfest in der Theorie. Schreibt und schreibt. Redet und redet. Forscht und forscht. Für den kleinen frechen Katzmayr ist er ein Gott. Und natürlich will ein braver Katzmayr jetzt alles richtig machen. Er baut den Windkanal um. Lässt den Flügel wackeln, führt seine Messungen durch, im Rahmen seiner technischen Möglichkeiten; das vielleicht sogar irgendwie recht genau, aber.. Knollers Albatros B.I. damals war ein Doppeldecker! Und Katzmayrs Flügel ist nur eine Scheibe. A Wing-Section! Und: Knoller war Flieger; flog seinen Doppeldecker. Hier im Cockpit, hier im lagrang'schen System reift die Frage, die Forschungsfrage des so genannten „negativen Widerstandes" von Tragflächen. Eines Doppeldeckers. Für Knoller besteht die Flugzeugwelt jener Tage, der praktische Erfahrungshorizont aus Doppeldeckern. Das gilt auch für die Theorie; zur gleichen Zeit rechnen in Göttingen der Prandtl und der Munk (der Munk? nicht zufällig finden wir den Munk in der Diskussion um die legendäre Pitts Special[28] wieder) den endlichen Flügel, den endlichen Doppeldecker! Als Katzmayr Jahre später den Effekt im Windkanal nachstellt, hat sich die Situation aber schon wesentlich verändert. Vielleicht hat er die Unterschiede zwischen Eindecker, Mehrdecker und seinem Windkanal-Versuchsaufbau mit einem Tragflügelsegment nicht gesehen, nicht sehen wollen oder die Nicht-Zusammenhänge schier unterschätzt? In Göttingen zur gleichen Zeit scheint man den Braten jedoch zu riechen. Prandtl beispielsweise zeigt, dass sich die Tragflächen in Doppeldeckerkonfiguration gegenseitig beeinflussen. Er weiß aus Experimenten, dass die äußere Tragfläche − also im Normalflugbild oben − früher ablöst. Auch wird die Potentialtheorie weiter und weiter verfeinert. Prandtl hat sich intensiv mit der Berechnung, ja mit der Simulation der rezenten Flugzeuge, also auch mit Doppeldeckern, beschäftigt; beispielsweise das Traglinienverfahren auf Doppeldecker angewendet. Das Traglinienverfahren ist zunächst eine Theorie für den unendlich lang ausgedehnten Tragflügel. Zwar liefert Prandtl später noch eine Erklärung des Randwirbels aber und seine Theorie der „Wing-Sections[29]" bleibt hundert Jahre lang Lehrstoff in den Luftfahrtinstituten [Abbo-59]. Im Wiener Windkanal dann misst Katzmayr ebenfalls den „unendlichen" Flügel. Das ist damals durchaus Stand der Wissenschaft. Mit den Mitteln der stationären Strömungsanalyse, zumal einer potentialtheoretischen Betrachtung bleibt der Katzmayr-Effekt aber undarstellbar. Transiente Berechnungen oder experimentelle Untersuchungen an und in nichtstationären Messstrecken [Hans-07] könnten (heute vielleicht) die entscheidenden Effekte darstellen. Gleichzeitig wissen wir, dass Geschwindigkeitsgradienten der Strömung, die nicht absolut exakt auf der Achse der Hauptbewegungsrichtung eines Flugsystems oder nicht exakt auf der horizontalen Achse (kartesische Koordinaten) des Polarendiagramms eines Tragflügelsektors (Profil mit Auftriebsbeiwert $C_a=0$!) liegen, so genannte Inversionen und Geschwindigkeitsänderungen in einer Scherschicht sind, die als Richtungsänderung der Strömung wahrnehmbar sind und sehr energiereich sein können. Dies hat spürbare Wirkungen auf das Auftriebs- und Widerstandsgebaren der Strömungssysteme [Die13-2].

---

[28] Die Pitts Special ist ein Kunstflugdoppeldecker, der von Curtis Pitts (1915–2005) entwickelt wurde. Die Konstruktion ist in traditioneller Gemischtbauweise ausgeführt, d. h. ein geschweißter Stahlrohrrumpf und Tragflächen aus Holz. Die ersten Entwurfsarbeiten an der Ur-Version begannen bereits 1942. Der Erstflug fand 1945 statt, mit einem Motor, der gerade einmal 55 hp (ca. 56 PS) hatte. Das Leergewicht betrug etwa 227 kg.

[29] Ira H. Abbott, Albert E. von Doenhoff; (1959) Theory of Wing Sections: Including a Summary of Airfoil Data. Dover Publications, New York

In einem Präventivschlag zu Beginn des Sechs-Tage-Krieges im Juni 1967 griffen israelische Streitkräfte die Nordfront ägyptisch-arabischer Truppen an, die sich im Sinai-Gebiet um die Stadt El-Arish versammelt hatten. Mehrere tausend Opfer und Verwundete, sowohl militärische als auch zivile, waren zu beklagen, als israelische Regimenter die ägyptisch-arabischen Soldaten zurückdrängten, was in Verbindung mit dem gleichzeitigen Luftangriff Israels schließlich zu ihrer Niederlage führte. Stan-Waffe der israelischen Armee während des Blitz-Krieges war die Uzi SMG, eine gedrungene, kastenförmige Waffe, die durch ihren umlaufenden Verschluss und der teles-kopierbaren Schulterstütze bequem tragbar war. Keine vier Kilo schwer mit einem vollen Clip, 18 Zoll lang, mit einer Mündungsgeschwindigkeit von 400 m/s, kann die Uzi 600 Schuss Munition pro Minute oder zehn Kugeln pro Sekunde feuern. Sie besteht aus wenigen Teilen und ist leicht herzustellen, leicht zu zerlegen und unter widrigsten Einsatzbedingungen zu reinigen. Sie kann große Mengen an Sand und Schmutz einsammeln, ohne zu verklem-men. Die Waffe ist gut ausbalanciert und mit ihrem Magazin im Pistolengriff kann die Munition auch bei völliger Dunkelheit bequem entladen und wieder geladen werden; etwas, das das israelische Militär als "Hand findet Hand" bezeichnet. Der einzige Zweck der Uzi ist es, möglichst viele Menschen so effizient wie möglich zu töten. Ihr Entwurf ist reine Zweckmäßigkeit und viel-leicht gerade deshalb in den Augen des Waffenliebhabers eine „echte Schönheit".

The Beauty of Weapon

Als Katzmayr den vermeintlich „Widerstand mindernden Effekt" im Windkanal nachstellt, richten sich seine Hoffnungen auf die Verbesserung des Stands der Technik. Auch das ist aus meiner Sicht legitim. Wir würden das, ich würde das ja auch so tun. Seine Windkanalversuche beziehen sich auf avisierte Zukunftstechnik und die gehört Anfang der zwanziger Jahre des vergangenen Jahrhunderts nun mal nicht den Mehrdeckersystemen, sondern den einflügligen Tief-, Mittel-, und Hochdeckern.

Was hätte er wohl mit einem Messaufbau gemessen, der sich einen strikten wissenschaftlichen Weg beugt, der das nachstellt, was Knoller in seinem

Flugzeug erlebt, gespürt hat. Was wäre geschehen, wenn Katzmayr mit seinem Chef Knoller gesprochen, ihm zugehört, ihn beim Wort genommen hätte? Und was hätte es genützt, damals. Vielleicht wäre die keinen Falls friedliche Geschichte der Kriegswaffe Flugzeug anders geschrieben worden. Dem (nutzlosen) Postulat Katzmayrs folgten nun eine ziemlich genau hundert Jahre währende explosionsartige Entwicklung der Luftfahrt. Der schreckliche Krieg in der Mitte dieses zwanzigsten Jahrhunderts förderte eine Vielzahl, als genial zu bezeichnende technische Innovationen an die Oberfläche der Konstruktions-büros, an die Grenze des physikalisch Machbaren und in das Blickfeld der mehr oder weniger der Schönheit der Waffen erlegenen Konstrukteure und Anwender.

Und dennoch hat sich die Situation nicht wesentlich verändert. Vielleicht ist der Dreidecker zu nichts nütze. Zu nichts, was wir uns vorstellen können, denn Tragflügelsysteme in Dreideckerkonfiguration stehen auch heute nicht oben in den Forschungsagenden der Namhaften und es bleiben selbst im Laborbetrieb relativ einfachfach darstellbare, auf der Wechselwirkung von Wirbeln basierende Strömungsphänomene, Wirbelspulenphänomene, unbeachtet.

Katzmayr konnte es nicht wissen. Grade wusste es nicht. Prandtl war nahe dran. Und Biot und Savart[30] ahnten wohl die Universalität des Elektro-dynamischen Prinzips und dass die allgemeine Feldtheorie auch auf Potential-strömungen anzuwenden sei. Dennoch ist sie aus meiner bescheidenen Sicht nur eine zukünftige Option; im Flugwesen und vielleicht auch in der maritimen Technik. Ich möchte an dieser Stelle keine „Phänomenologie der Fluid-mechanischen Wirbelspule[31]" entwickeln; die ist Stand der Wissenschaft. Diese wohl noch umstrittene, Theorie in den Anhang und damit zur Diskussion zu stellen, ist vielleicht die wesentlich bessere Idee und Herangehensweise.

Der Wirbelspulen- Phänomenologie im Anhang ist ein generaler Satz zu umströmten Mehrdeckertragflächen vorangestellt:

---

[30] Das Biot-Savart-Gesetz beschreibt das Magnetfeld bewegter Ladungen. Es stellt einen Zusammenhang zwischen der magnetischen Feldstärke Hund der elektrischen Stromdichte J her und erlaubt die Berechnung räumlicher magnetischer Feldstärkenverteilungen anhand der Kenntnis der räumlichen Stromverteilungen. Hier wird das Gesetz als Beziehung zwischen der magnetischen Flussdichte B und der elektrischen Stromdichte J behandelt. https://de.wikipedia.org/wiki/Biot-Savart-Gesetz

[31] Dienst, Mi. (2018) Zur stationären strömungsmechanischen Wirbelspule, Fluidmechanische Phänomenologie der Dreideckerkonfiguration, GRIN-Verlag GmbH München, ISBN(Buch): 9783668705135

Tragflächen in Mehrdeckerkonfiguration können fluidmechanisch miteinander wechselwirken derart, dass die durch das Auftriebsgebaren der Einzeltragflächen erzeugten und stromabwärts abfließenden Randwirbel ein mantel-förmiges Wirbelspulensystem generieren, das in seinem Kern einen beschleunigten Fluidmassenstrom, eine beschleunigte Strömung, induziert.

Nach Erörterungen zur Tragflügeltheorie, die auch Hinweise zu Mehrdeckerkonfigurationen enthalten, werden dort einige Überlegungen ausgeführt, die den oben angeführten Gedanken stützen. Die Phänomenologie der fluidmechanischen Wirbelspule als Teilgebiet einer verallgemeinerten Feldtheorie kann experimentelle und numerisch-analytische Untersuchungen zu fluidmechanische Wirbelspulen an Dreideckerkonfigurationen nicht ersetzen sondern nur kontextuell ergänzen. Die in eine Strömung induzierte Beschleunigung des Fluidmassenstroms kann zur Minderung des axialen Widerstandsgebarens der Tragflächenkonfiguration genutzt werden. Es werden also keine „neuen Energien" in das Fluid eingekoppelt, sondern die abfließende Randbogen-Strömung (nur) in besonders raffinierter Weise geformt. Was allerdings energetisch vorteilhaft ist. Das Auftauchen fluidmechanischer Wirbelspulen bedarf mindestens zweier Auftrieb erzeugender Tragflügel. Besser funktioniert es mit drei Tragflächen. Und es funktioniert in einer direkten Analogie zum Gesetz von Biot und Savart und zur klassischen Feldtheorie. Es ist die (Anwendung der) Feldtheorie, einer Theorie, die wir absolut sicher und elegant auf dem Gebiet der Elektrodynamik zu vertreten verstehen. Eine stehende Spule generiert eine Beschleunigung in einem (sich nunmehr bewegenden Eisen-) Kern. Das Gesetz von Biot und Savart beschreibt den Grundmechanismus und das Arbeitsprinzip eines jeden modernen Elektromotors. Sofern er – in einem ersten Hub der Betrachtung - mit Gleichstrom betrieben wird. So, wie es um und in einer elektrischen Spule zu einer Verformung, ja Bündelung von elektromagnetischen (Feld-) Linien kommt, dürfen wir uns die Verformung, ja Bündelung der Strömungslinien in ein fluidmechanischen Wirbelspule vorstellen, als Strömungslinien auf denen das Fluid beschleunigt wird.
Aber die Analogie fluidmechanischen Wirbelspule wagt sich noch einen Schritt weiter. Bat ich den Leser soeben noch, das elektrodynamische Prinzip in Gedanken auf den Gleichstrommotor anzuwenden, gilt das Gesetz von Biot und Savart doch auch für einen nichtstationären (hier elektrischen) Fall gleichermaßen. Ein elektrischer Transformator, beispielsweise für einen handelsüblichen Rasierapparat, wandelt den Wechselstrom aus der Steckdose

in einen Wechselstrom, der für elektrische Kleingeräte taugt; der Transformator „transformiert" den Wechselstrom von 220 [V] auf 12 [V]. Dabei erhöht sich die Stromstärke entsprechend, aber das sei zunächst einmal egal. Bekanntlich funktioniert ein Transformator nur mit Wechselstrom. Das ist aber nicht ganz richtig, denn ein Transformator verarbeitet auch Gleichstrom. Allerdings nur ein einziges Mal; nämlich dann, wenn ich den Strom abschalte. In meiner Spule bricht jetzt (ein einziges Mal) das Magnetfeld zusammen. Die Energie, welche bis eben entlang der Feldlinien transportiert wurde, ist aber noch da. Sie existiert, sie bleibt (wenn auch mit Verlusten, wie immer) erhalten. Sie steckt quasi und wörtlich gesehen im Kern der Spule. Ach so, ja; der Transformator hat natürlich einen Eisenkern. Und ziehen Sie unbedingt den Stecker aus der Dose, bevor sie das jetzt nachprüfen. Wir waren also bei der Energie, die in den radial und konzentrisch angeordneten (so stelle ich mir das immer vor: radial, konzentrisch, Feld) Feldlinien der elektrodynamischen Spule steckt. Ok, das ist alles sehr theoretisch; malen wir es deshalb einfach mal vor unserem geistigen Auge auf! Stromquelle, Spule, Leitungsbruch. Die Energie steckt also in der Spule, im Eisenkern: zing! Schlinge ich nun (also schlänge! ich) eine zweite Schlaufe um den Eisenkern, „induziert!" diese immer noch in der Spule steckende Energie, eine (der Windungszahl der Spulen äquivalente) Spannung in dieser Schlaufe. Sie transformiert eine Spannung in diese neue, weitere Spule: zong! Ein einziges Mal. Bei der Zündspule des Ottomotors[32] stelle ich genau auf diese Art den Zündfunken für meine Zündkerze her! Und zwar, indem ich das Magnetfeld zusammenbrechen lasse. Ein einziges Mal. Und wieder und wieder immer dann, wenn ich den Zündfunken zur Zündung des Kraftstoff-Luft-Gemischs brauche, nämlich so „obenrum" beim Zündzeitpunkt. Der Zündkontakt „unterbricht" den (Gleich-) Stromkreis der Zündanlage. Der Leser spürt jetzt, wie ich das „Zünd" in der Argümentation zelebrüre. Dieser Zündfunke hat mal schnell so um die 12000 Volt, meistens mehr. Mit der Energie aus einer Gleichstrom-Batterie mit gerademal sechs Volt; Junge, wir sprechen hier von einer 72er DUCATI SCR mit Königswelle; egal. Der Zündfunke hat nun genau die Eigenschaften, die ich zur Entfachung einer Flammenfront im Zylinder meiner Maschine benötige: zing, zong, fläsch! Es ist einfach wunderbar. Zurück zu unserem, im Vergleich zu einer Ducati sehr langweiligen, Handy-Ladegerät. Ach nein, es war ja ein Rasierer, wie aufregend. Der Transformator arbeitet also mit zwei Spulen, die um einen gemeinsamen Kern gewickelt sind und dieserart transformiert er, der Trafo, die Netzspannung (220 Volt) aus der Steckdose in eine Arbeitsspannung (12 Volt) am Verbraucher-

---

[32] Anschaulich in http://mighty-hoernsche.de/mono_jetronic/zuendung_af.pdf

ende, dem Rasierer. Der Transformator kann das nur, weil aus seiner Sicht der Dinge, die Spannung laufend zusammenbricht, fünfzigmal in der Sekunde; ist doch die Wechselspannung im Netz nur eine ausgesprochen elegante Art ständigen Ein- und Aus- und Umschaltens der fetten Gleichstromquelle im Elektrizitätswerk (pardon, kleiner Scherz).

Und jetzt kommt auch endlich der kleine freche Richard Katzmayr wieder ins Spiel. Katzmayrs Chef, der Knoller, der Flieger, fliegt mit einer Albatros[33], dem Doppeldecker, rum. So zum Spaß. Die Luft über Wien ist rau, es ist ein böiger Tag. Gerade in Bodennähe wird die gute Albatros B1 mächtig durchgerüttelt. Eigentlich ist es gar keine Albatros. Knoller hat sie umbauen lassen. Die B1 hat nun keine Streben mehr zwischen den beiden Flügeln. Jedes Spannschloss schmeißt er eigenhändig in einen Zigarrenkarton, am Ende sind es 74 Stück. Die Spannseile lässt er vor der Halle aufreihen; über einhundert Meter Widerstand: „Ihr ärgert's mi nimmer". Die Tragflächen ließ Knoller negativ pfeilen, eine Sensation, und vergrößern, was den Katzmayr nur immer wieder den Kopf schütteln lässt. Er will einfach nicht verstehen, dass etwas weniger biegt, wenn der Hebelarm größer wird. Im Original macht die Albatros mit ihrem 165PS starken Walter Minor Sechszylinder maximal 120 km/h. Aber die Wiener B1 fliegt selbst mit einem 145 PS Hiero (24.51-24.66) deutlich schneller. Und Knoller weiß, dass er sich auf „seine B1" verlassen kann. An die elastischen Flügel muss man sich halt erst einmal gewöhnen, sagt er sich, aber die geringere Flächenbelastung der vergrößerten Tragfläche entschärft die dynamische Biegelast. Er weiß, dass die Zukunft dem unverstrebten Tragflügel gehört; aber was er irgendwie auch ahnt ist, dass es wohl keine Doppeldecker-tragflügel sein werden, die das große Rennen machen. Das alles befürchtet oder weiß der ehrwürdige Professor. Was Knoller definitiv nicht weiß, ja einfach auch nicht wissen kann ist, dass gerade jetzt, in diesem Augenblick und an diesem ruppigen Tag, das Doppeldecker-Flügeltragwerk der B1 links und rechts zwei riesige Wirbelspulen in den fluidischen Strömungsnachlauf schneidet; zwei zweigängige, gegenläufige Wirbelwendel die den eindrucks-vollen Durchmesser einer Wiener Litfaßsäule aufweisen und bei 30 Meter Strömung pro Sekunde erstaunlich stabil sind. Wie eine riesige unsichtbare

---

[33] Nützliche Einzelheiten aus http://www.bredow-web.de/ILA_2002/Oldtimer/Albatros_B1/albatros_b1.html Der Albatros B I (ÖDD) war ein unbewaffneter zweisitziger Doppeldecker-Aufklärer aus den deutschen Albatros-Werken in Berlin, Johannisthal. Zunächst wurden 29 Stück importiert (21.01-21.29), dann weitere (23.01-23.31) mit 145 PS Hiero bei den österreichisch-ungarischen Albatros-Werken in Wien, Stadlau gebaut. Das Musterflugzeug 20.01 ist heute im Heeresgeschichtlichen Museum Wien ausgestellt. Es kam am 1.Okt. 1914 nach Österreich. Prof. Richard Knoller entwickelte zum Aufklärer Albatros B I eine gepfeilte Tragfläche (KNV).

Walze formt sich hinter dem Doppeldecker-Flügeltragwerk ein mantelförmiger Wirbelschlauch aus. Leider sind sie mit den Augen des Piloten nicht zu sehen. Ein jeder Flieger weiß und Knoller, der die Theorie so liebt, insbesondere weiß: jede Richtungsänderung der Strömung stellt sich am Tragflügel als eine Geschwindigkeitsänderung dar. Die Böen über Wien haben jetzt eine brutale Gewalt und prügeln auf die beiden Tragflügel Knollers ein. Von links, von rechts. Von vorn. Zing. Zong. Flasch.

Da ist er plötzlich: der „negative Widerstand". Und nochmal und nochmal. Es ist, als ob die Tragfläche „pulst", als würde ein Dämon die Albatros nach vorne pumpen. Blitze zerreißen den Himmel über Wien, schwefelgrün breitet sich die Druckwelle des Donners über ...

Ja, OK. Natürlich ist diese Geschichte erlogen, aber ich male mir nun gerne noch weiter aus, was wohl passiert sein könnte, an diesem böigen Tag über Wien. Über weite Strecken reißt die Strömung nicht ab; das mag der große Vorteil eines Doppeldeckers sein. Der Wind brettert nun heftig in alles was fliegt. Die Böen kommen von keiner bevorzugten Seite, ihre Anströmrichtung variiert und hat spürbar vertikale Komponenten. Die Verhältnisse werden zunehmend instationär; also beobachten wir, was passiert. Die Wirbelspule der Doppeldeckertragfläche bricht (idealer Weise paarweise) zusammen – die Energie steckt aber noch drin: Flash – die Wirbelspule baut sich wieder auf, bei dreißig Meter pro Sekunde geht das rasend schnell, die Wirbelspule bricht wieder zusammen - die Energie steckt aber noch drin: accelerationFlash. Die Geschwindigkeit im Innern der fluidmechanischen Wirbelspule, das wissen wir heute, kann das mehrfache der Anströmgeschwindigkeit v_∞ des Tragflügels annehmen. In synthetischen (Labor-) Wirbelspulen kann die Beschleunigung der Fluidmasse von Umgebungsgeschwindigkeit auf (durch die Wirbelspule induzierte) Innengeschwindigkeit derart eklatant sein, dass das Erzeugendensystem, die Wirbelspule selbst, vor den Augen des Experimentators implodiert. Die Geschwindigkeitsinduktion ist mit der „Gängigkeit" des Wirbelspulenkörpers linear korreliert und nimmt mit dem Durchmesser der Wirbelspule ab.

Für ein Wirbelspulenmodell mit n Gängen gibt Dienst [Die 18-21] eine Formel für die theoretisch induzierte Fluidgeschwindigkeit v_{zPn} im Zentrum einer n-gängigen Wirbelspule an, wobei $\Gamma_{RW}=c_L \cdot v_\infty \cdot t$ die Zirkulation des Randwirbels ist[34]:

---

[34] Die Zusammenhänge werden im Anhang dieses Aufsatzes ausführlich erörtert. Siehe hierzu:
Dienst, Mi. (2018) Zur stationären strömungsmechanischen Wirbelspule, Fluidmechanische Phänomenologie der Dreideckerkonfiguration, GRIN-Verlag GmbH München, ISBN(Buch): 9783668705135

Induzierte Geschwindigkeit: $\quad\quad v_{zPn} = n\ \Gamma/2\ R$

Es ist die Induzierte Geschwindigkeit einer idealen fluidmechanischen Wirbel-spule. Wir sehen, dass die Zirkulation wächst, mit zunehmender Flügeltiefe t. Wir sehen, dass die Geschwindigkeit sinkt, mit zunehmenden Radius R, also letztendlich dem Abstand der beiden Wirbelkeime der Wirbelspule. Daraus ergeben sich interessante Gestaltungsparadigmen für den unwahrscheinlichen Fall, dass mal ein Handbuch für Wirbelspulen-Technologien in der Strömungs-mechanik geschrieben wird.

Abends dann, als Katzmayr den Propeller der B1 wienert (daher stammt nämlich der Begriff) und der ehrwürdige Professor sein wohlverdientes Hörnchen in den dampfenden Melange tupft, hört der Techniker schon gar nicht mehr hin, als die Rede ist vom böigen Wind über Wien, von der Richtungsänderung in jeder Böe, der graphischen Summation der vektoriellen Geschwindigkeitskomponenten, dem „scheinbaren Wind" mit dem jede Tragfläche arbeitet, wie man weiß, oder als gehorsamer Windkanaltechniker vielleicht wissen sollte. „Immer und besonders in der Böe erfolgt das seltsame Ungemach!" spricht der Professor und das solle doch nun endlich einmal erforscht werden müssen! „Katzmayr! hörst überhaupt noch zu, Burschi?" Das tut dieser aber schon lange nicht mehr. Einzig der „negative Widerstand" wandert ihm quer durch den kantigen Schädel, von vorn nach hinten, von links nach rechts und wieder zurück. Noch ein winziges Schluckerl Sliwowitz hinter dem Propeller der Albatros und hinter den Propeller des Labortechnikers - ha, man muss ja überhaupt gar nicht pilotieren können, wenn man erst den Windkanal vom Knoller erbt, sehr lustig, zum Wohl alter Knabe - und der Entschluss seines Lebens ist gefasst[35]. Nur noch a leeetztes, kloaaanes Schluckerl auf die Zukunft.

Aber es sollte natürlich anders kommen, oder zumindest eine schreckliche Weile länger dauern mit dem Erbe. Der Krieg kam und blieb und ging und ging verloren, letztlich. Der Wissenschaftsbetrieb erstarb, der Windkanal wurde stillgelegt. Erst nach und nach erlaubten die Siegermächte das Bauen und Messen - und das auch nur stückweise - wieder. Die Zeit verging und war bald das Wien der dreißiger Jahre bereits schwanger mit der braunen Brut, so hatte sich der ehrwürdige Professor weitgehend zurückgezogen vom Messgeschehen in der Windkanalhalle. Sein ehemaliger Techniker und jetzige Nachfolger

---

[35] Dienst, Mi.(2013) Tragflügel mit periodisch wechselnder Strömungsbeaufschlagung. Anmerkungen zum Katzmayr-Effekt, GRIN-Verlag GmbH München, ISBN (Buch) 978-3-656-44284-4.

Katzmayr, man staune, baut und misst und schreibt und misst. Sein an wissenschaftlichen Skrupel armer Bericht zum Katzmayr-Effekt[36] erreicht die NACA-Behörde des Kriegsgewinners im Jahre 1922.

1-5-3-6-2-4 Tattoos fand man auch auf den Gehirnwindungen von LKW- und Panzerschlossern meiner Zeit, lange bevor Prominente ihre Kinder unter die Nadeln zerrten um ihre elterliche Dekadenz im Internetz zu postieren.
Der Unimog (Universal-Motor-Gerät) ist eine Fahrzeugbaureihe die von Mercedes-Benz hergestellt wird. Erfunden wurde der Unimog von Albert Friedrich, konstruiert als allradgetriebener Geräteträger und Klein-Lkw mit Portalachsen wird er vor allem beim Militär eingesetzt. Größter Abnehmer des militärischen Unimog 404 war die Deutsche Bundeswehr, die insgesamt 36.638 Fahrzeuge kaufte. Der Unimog ist als „Frontsitztraktor mit Allradantrieb" klassifiziert. Die seit 1945 entwickelten Unimog wurden ab 1949 serienmäßig zunächst in Göppingen bei der Gebr. Boehringer GmbH gefertigt. Nach der Übernahme der Produktion durch den Motorenlieferanten Daimler-Benz im Jahr 1950 wurde der Unimog ab 1951 im Werk Gaggenau gefertigt. Der Otto-Sechszylinder des 404 stammt aus dem Mercedes-Benz „Strich-Acht", so werden umgangssprachlich nach ihrem Erscheinungsjahr 1968 die Baureihen W 114 und W 115 von Daimler-Benz bezeichnet. Die Wagen mit Sechszylinder-Ottomotor (Zündfolge: 153624) sind W 114, alle anderen Modelle W 115. Die „Strich-Acht" erreichten mit knapp zwei Millionen Fahrzeugen annähernd die gleiche Stückzahl wie alle Nachkriegs-Pkw der Marke Mercedes-Benz vor ihnen zusammen. Die W 114/115 wurden bis 1976 gebaut. Heute sind der „Strich-Acht" und der Unimog beliebte Oldtimer.

The Beauty of Weapon

Der aufgefingerte Vogelflügel landsegelnder Arten wie Gänsegeier oder Milan, an ihm wurde der Wirbelspuleneffekt in den 70er Jahren des vergangenen Jahrhunderts erstmals identifiziert, stellt aus theoretischer Sicht schon einen Kompromiss geometrischer Art dar, denn der biologische Flügel ist eine

---

[36] Katzmayr, R. (1922). Effect of periodic Changes of Angle of Attack on Behavior of Airfoils Technical notes No. 147 (03.1922), National Advisory Committee for Aeronautics (NACA) Massachusetts Institute of Technology

kaskadierte Anordnung von hintereinander gestaffelten Gefiederfingern. Stationäre Wirbelspulen gelingen mit mindestens zwei (Wechsel-) Wirkungspartnern. Mit der Tragflügelzahl und damit der Anzahl der Wirbelkeime steigt die Güte des Vorgangs. So ist die zweigängige Wirbelspule durchaus leistungsfähig, aber nicht optimal. Aus irgendeinem Grund, den wir aber noch nicht kennen, ist eine ungerade Anzahl von Wirbelkeimen vorteilhaft immer dann, wenn die Wirbel erzeugenden Tragflügel in einem konzentrischen Kreis angeordnet sind oder zumindest eine (geschlossene) konvexe Figur abbilden. In der Laborhalle und am Windkanal sind dieserart konfigurierte Anordnungen sehr einfach darstellbar, so dass eine synthetische Wirbelspule gelingt und diese mit moderner Messtechnik differenziert untersucht werden kann. Das ist von hohem wissenschaftlichen Erkenntniswert, ringförmige Anordnungen haben aber mit Fluggeräten wenig gemein, denn die Richtungen der Auftriebsvektoren zeigen in ein gemeinsames Zentrum. Sollen sich die Wirbelfäden weder schneiden, noch die Erzeugendensysteme der Wirbelkeime, die Tragflügel, gegenseitig im Wege stehen und ihrer Bestimmung nach Auftriebskräfte in gleicher Richtung und mit gleichem Richtungssinn erzeugen, so bleibt die Dreiflügelkonfiguration das letzte geometrische Regime, das diese theoretische Anforderung erfüllen kann; der Vier-, der Fünf-, der Siebendecker wäre nur in der hintereinander kaskadierten Anordnung ausführbar.

Wirbelspulengenerator der Berliner Windkraftanlage BERWIAN. FG Bionik und Evolutionstechnik der TUB 2017.

Der Dreidecker also. Ein lokales Optimum. Liegen Wirbelkeime auf einer Geraden, wie beim Grade, funktioniert es ja gerade nicht, ließe sich kalauern.

Theoretische Betrachtungen und messtechnische Untersuchungen legen den Schluss nahe, dass die Wirbelkeime nicht nur auf einer geschlossenen Figur angesiedelt sein sollten, sondern auch in einem Abstand von einander auftauchen sollten, der der Tragflügeltiefe der erzeugenden Auftriebsfläche entspricht.

Prof. Jan Bäse — Hochschule Magdeburg-Stendal, Institut für Industrial Design

Sommersemester 2017 — Doppeldecker, Betreuung mit Dipl.-Ing. Michael Diestel — Johannes Gam, Master Engineering Design

Diese Gestaltungsregel hatten wir oben bereits formuliert. Eine dieserart harmonisierte fluidmechanische dreigängige Wirbelspule gelingt also dann, wenn die Orte der Wirbelkeime ein gleichseitiges Dreieck bilden. Sind die geometrischen Parameter noch relativ leicht zu motivieren, braucht man als Konstrukteur eines Fluggerätes mit einer derartigen Tragflügel-Konfiguration durchaus gestalterischen Mut. Denn ein zwischen zwei Tragflächen eingebetteter Tragflügelstummel erntet ganz sicher nicht den Applaus der hauseigenen Marketingmacht. Der Gerechtigkeit gegenüber den BWLern halber, soll an dieser Stelle nicht unerwähnt bleiben, dass selbst innovationsbereite und ansonsten immer äußerst heissdüsige Design-Studenten vor einer derartigen Gestaltungsaugabe zurückschrecken. Immerhin gab es eine mutige Studie zu einem wunderschönen Boxwing-Transporter von Johannes Gran vom Industrial Desig Institut der HS Magdeburg in den Farben der Schweizer TurboPorter; lieben Dank. Dennoch bleibt der Dreidecker ein vakanter Entwurf. Was man nicht selber macht, wird eben nicht geschehen. Wie überall auf dieser Welt.

Der Grade-Dreidecker, irgendwie markiert er ja den Ausgangspunkt unserer Überlegungen und auch ihr Ende, könnte sicherlich zwei Paare von drei wunderbaren Partialwirbeln erzeugen, aber geometrische Ursachen der Grade-Konfiguration verhindern das Zustandekommen fluidmechanisch wirksamer Wirbelspulen. Die Wirbelkeime im Nachlauf der Dreideckertragfläche bilden keine konvexe, geschlossene Figur ab und es kann sich auch kein mantelförmiges Wirbelspulensystem aufbauen.

Replik des Grade-Dreideckers im Technikmuseum[37] Magdeburg. Einseitig segeltuchbespannte Tragflächen als Bambus-Konstruktionen. Der luftgekühlte Sechs-Zylinder-Motor mit 36 PS wog 54 kg und war ein Eigenbau von Grade.

Einer der wesentlichen Faktoren in der Ausübung des Bogenschießens und jener anderen Künste, die in Japan und wahrscheinlich auch in anderen fernöstlichen Ländern ausgeführt werden, ist die Tatsache, dass sie keinen nützlichen Zwecken dienen, auch nicht zum rein ästhetischen Vergnügen gedacht sind, sondern eine Schulung des Bewusstseins bedeuten und dieses in Beziehung zur letzten Wirklichkeit bringen sollen. So wird Bogenschießen nicht allein geübt, um die Scheibe zu treffen, das Schwert nicht geschwungen, um den Gegner niederzuwerfen; der Tänzer tanzt nicht nur um rhythmische Bewegungen des Körpers auszuführen, sondern vor allem soll das Bewusstsein dem Unbewussten harmonisch angeglichen werden. Aus dem Vorwort des wunderbaren Daisetz T. Suzuki zu Eugen Herrigels Büchlein: Zen in der Kunst des Bogenschiessens.

The Beauty of Weapon

---

[37] Der Grade Dreidecker. Bildquelle nach: © Technikmuseum Magdeburg, Dodendorfer Strasse 65 39112 Magdeburg, technikmuseum-magdeburg.de
Sieh auch: Bruno Lange: Die deutsche Luftfahrt, Typenhandbuch der deutschen Luftfahrttechnik, Bernard & Graefe Verlag, ISBN 3-7637-5284-6

Berlin im Frühjahr 2018. Das Ende eines wissenschaftlichen Instituts ist kein Tag oder Ort und kein Punkt, sondern ein Prozess. Ein Vorgang der alle Beteiligten in eine tiefe Frustration stürzt. Dem Angebot, sich eine letzte kleine Devotionalie, wie es in einer Rundmail hieß, aus dem bereits für die Berliner Stadtreinigung zusammengetragenen Schrank- und Labor- und Gerätekammerinhalten zu lesen, kam ich zwar gerne aber mit einem flauem Gefühl im Magen nach. Am Ende sollte es einer der hübschen HP 37 Taschenrechner (mit UPN, unglaublichen 49 Programmierzeilen, Statistikfunktion) gewesen sein, mit dem wir im Laborunterricht Optimierungsaufgaben programmierten. UPN heißt übrigens Umgekehrt-Polnische-Notation. Meine erste Evolutionstrategische Übung I war 1981. Heute, ein Tag im Frühling treffe ich meinen ehemaligen Kollegen im Kontext völliger Auflösung; nicht nur aber vor allem emotionaler Art. Ein letzter Rundgang durch die Hallen, durch die Keller über die Wendeltreppen. Unzählige Pinguine glotzen mich verständnislos an. Keine Angst Babies, ihr kommt nicht in die Tonne. Unter der Empore entdecke ich mein! Tafelbild; es besteht kein Zweifel: Michael D. erklärt den Wirbelspuleneffekt. Sollte hier tatsächlich seit zwanzig Jahren keiner mehr gewischt haben? Wie auch immer: mit dir ging Liebe zur Kreide, alter Mann!

Auf der Suche nach einem Wasserkanal (zur Simulation des Druckwellengeschehens in den Ansaugleitungen einer Verbrennungskraftmaschine durch Wasserwellen) eine Sonderanfertigung und schweineteuer damals, treffe ich Nachmieter. Die Firma Enerkite GmbH betreibt ein kleines Labor in den Hallen des alten Siemensgebäudes. Die jungen Leute sind freundlich aber ein leichtes Misstrauen überlagert das Gespräch. Bleibt locker, Jungs; ihr seid nicht die Ersten, die über rigide Drachen nachdenken. Berlin 65 Wedding. Die Bionik ist raus. Mit dem Fachgebiet Bionik und Evolutionstechnik der Technischen Universität Berlin verlieren wir nicht nur einen Innovationsmotor für eine Stadt der Zukunft, sondern auch einen gutfunktionierenden Elfenbeinturm. Letzteres schmerzt mich persönlich am meisten. Wenigstens findet das Neue einen Platz im Alten.

Die Energie in unerreichten Höhen ernten: Die EnerKíte GmbH entwickelt Flugwindkraftanlagen, mit denen konkurrenzlos preiswerter Öko-Strom erzeugt werden kann. Mit den EnerKíte-Drachen können Landwirte, mittelständische Betriebe und Kommunen ihren Strombedarf zukünftig unabhängig von Subventionen decken. Darüber hinaus können diese portablen Windkraftanlagen Katastrophengebiete und schwer zugängliche Regionen kostengünstig und nachhaltig mit sauberem Strom versorgen. Sie sind eine wirtschaftliche Alternative zu Diesel, Kohle und Windrädern.

Der bekannteste blattförmige Drache, der auf einen polynesischen Einfluss zurückgeht, ist der Nagasaki-Hata. (Hata=Fahne). Der Nagasaki-Hata ist ein Kampfdrachen. Kampfdrachen sind meistens kleine (Spannweite bis 1m), sehr wendige bestabte Einleiner-Drachen, bei denen sich die Krümmung je nach Zug an der Leine ändert. Wenig Zug bedeutet flaches Segel und Instabilität (Rotation), mehr Zug bedeutet gebogenes Segel und Stabilität (Geradeaus-flug). Durch die geschickte Kombination dieser zwei Zustände lassen sich diese Drachen in jede beliebige Richtung steuern.
Das Ziel des Drachenkampfes ist es, den gegnerischen Drachen vom Himmel zu holen. Das geschieht je nach örtlicher Tradition und Drachenart durch Zerschneiden der gegnerischen Drachenschnur mit der eigenen oder mit am Drachen oder der Schnur angebrachten Messern[38].

The Beauty of Weapon

So alt wie das Drachenfliegen, das Fesselfliegen, ist die rigide Tragfläche. Moderne Praktiker schrecken vor der hohen Masse des Fluggeräts zurück. Sie hegen ihre Schere im Kopf. Deshalb heißen sie ja auch „modern". Ein Schaltungszustand. Aber so ganz langsam weicht das feste Programm im Kopf der jungen Leute – Menschen wie meine Kinder, die mit dem Lenkdrachen aufgewachsen sind – zugunsten, alter, neuer Ideen etwas auf. Es wäre jetzt

---

[38] Nach: http://www.drachenwiki.de/index.php/Kampfdrachen und
http://www.drachenwiki.de/index.php/Nagasaki_Hata sowie Franz Arz (1995) Aus-stellungskatalog: Japan Papìersàrkànyok, Flugdrachen aus Japan, Japanese Kites, Kecskemèt.

natürlich etwas arrogant zu behaupten, dass die „Generation Fesselflug mit COX-Motor" nie etwas anderes als einen rigiden Arbeitszugdrachen gedacht hätte, wäre sie gefragt worden. Vom rigiden Zugdrachen zur Dreideckerkonfiguration ist es dann nur noch ein kleiner Schritt. Hier finden wir große, erwünschten Langsamflugeigenschaften, hier die hohen Steigleistungen, hier die extreme Wendigkeit des Dreideckers in den Lastenheften der Arbeitsflugdrachen gefordert. Betrachten wir also nun ein technisches Flugaggregat.

Aus der technischen Beschreibung[39] eines „den fluidmechanischen Wirbelspuleneffekt nutzendes Flugaggregates".

Die Erfindung betrifft ein Flugaggregat in Dreideckerkonfiguration das in seiner Betriebsweise einem Arbeitsflugdrachen (im engl. „Power Kite") vom Stand der Technik entspricht, welcher als Antrieb für Seefahrzeuge genutzt wird. Arbeitsflugdrachen sind hierfür über eine Fesselung mit dem Seefahrzeug verbunden, die nicht Gegenstand der Erfindung ist. Das Tragflächensystem des Flugaggregates nutzt erfindungsgemäß den so genannten fluidmechanischen Wirbelspuleneffekt. Das Phänomen fluidmechanischer Wirbelspulen taucht bei fluidmechanisch wirksamen, Auftrieb erzeugenden Tragflügelsystemen auf, deren Tragflügel in geeigneter Weise angeordnet sind. Das Flugaggregat in Dreideckerkonfiguration besitzt einen zuschaltbaren elektrischen Hilfsantrieb zum Manövrieren, Starten und Landen bzw. Wassern.
Der fluidmechanische Wirbelspuleneffekt bewirkt den Rückgewinn eines Teils, der zur Auftriebserzeugung eines Flugsystems aufgebrachten Energie. Die vom Flugaggregat in Dreideckerkonfiguration erzeugte Querkraft wird für die Fortbewegung des Seefahrzeugs genutzt. Generell sind Arbeitsflugdrachen (als Antrieb für Seefahrzeuge) geeignet, im Zusammenwirken mit einer elektronischen Steuerung vom Stand der Technik, autonom in der bodennahen Luftschicht zu agieren und die dort (über der Wasseroberfläche) herrschen Scherwinde zur Querkrafterzeugung zu nutzen. Die Steuerung von Arbeitsflugdrachen ist nicht Gegenstand der Erfindung.

Stand der Technik, Arbeitsflugdrachen. Das Funktionsprinzip, Seefahrzeuge von Flugdrachen ziehen zu lassen war bereits zur Zeit des legendären chinesischen

---

[39] Dienst, Mi. (2018) Ein den fluidmechanischen Wirbelspuleneffekt nutzendes Flugaggregat. Transactions in Suffering Innovations T26 SI770, GRIN-Verlag GmbH München, ISBN(Buch) : 9783668725287

Seefahrers Cheng Ho (Zhèng Hé *1371 in Kunming / Provinz Yunnan; † 1433) als Vortriebsmethode bekannt. Moderne Arbeitsflugdrachen vom Stand der Technik greifen das Funktionsprinzip des asiatischen Zugdrachens auf und kombinieren es mit einem dynamischen Flugstil moderner Lenkdrachen aus dem Spiel-, Freitzeit- und Sportbereich. Die Tragfläche von Arbeitsflugdrachen vom Stand der Technik ist in der Regel nach der Art eines Gleitschirms konstruiert und aus hochfesten und witterungsbeständigen Textilien gefertigt. Arbeitsflugdrachen erzielen ihre Zugkraft (gestalterisch) durch die Tragflächenform und (betriebstechnisch) durch eine Flugbahn in großen Achten. Durch den dynamischen Flug entstehen hohe Anströmgeschwindigkeiten und hohe wirksame Querkräfte (Vortriebskräfte) am Tragflügel. Durch den Flugstil in Achten erzeugt der Drachen einen bis zu dreimal größeren Vortrieb als ein herkömmliches Schiffssegel in vergleichbarer Größe. Die Zugkräfte werden über ein Zugseil zum Schiff übertragen. Arbeitsflugdrachen vom Stand der Technik werden mit einem vollautomatischen Steuerungssystem betrieben, das mit dem Autopiloten eines Flugzeugs vergleichbar ist. Für Arbeitsflugdrachen vom Stand der Technik beträgt verfahrensbedingt die optimale Betriebshöhe zwischen 100 und 300 Metern. Die Zugkraft (axial in Richtung der Schiffsbewegung) beträgt bei kommerziellen Systemen von Stand der Technik bei einer Drachengröße von $40m^2$ etwa 18 kN (SKS Y 20) bei einer Drachengröße von $160m^2$ etwa 112 kN (SKS Y 160), was einem Hauptmaschinenäquivalent von 100 kW bzw. 1000 kW entspricht (Herstellerangaben: SkySails).

Stand der Technik, Tragflächen in Mehrdeckerkonfiguration. Berechnungen vom Stand der Wissenschaft zeigen, dass Arbeitstragflügel in Doppel- Drei- oder Mehrdecker-Tragflächenkonfiguration gleicher Fläche und spezifischer Tragflächenbelastung auf betragsmäßig gleiche Auftriebs- und Widerstandskräfte führen, sofern nicht die durch das Auftriebsgebaren induzierten Widerstande der Tragfläche betrachtet werden. Hier sind die Schlankheitsgrade der Teiltragflächen von großem Einfluss und können glückliche Konfigurationen oder ungünstige Verhältnisse annehmen und bedeuten ein mehr an Verzehr der in das Tragflächensystem eingespeisten Antriebsleistung je nachdem, wie der Mehrdeckerflügel konfiguriert ist. Dies wird als (induzierter) Widerstand am Tragflächensystem wirksam. Die Kontrolle der durch das Auftriebsgebaren einer (oder mehrerer) Kraft- und Arbeitstragflächen induzierten Verluste ist Gegenstand rezenter Forschung.

LOS ANGELES, Nov. 13, 2017 - Yates Electrospace Corporation (YEC) today announced the Marine Corps Warfighting Laboratory (MCWL) has selected the company's Silent Arrow product line of autonomous cargo aircraft for a 12-month flight test program. Under the contract, YEC engineers and test pilots will build and test fly a fleet of 10 aircraft from 500 to 1,000-pound gross weights to expand the flight envelope and demonstrate unique performance criteria set forth by MCWL.

Nachschub aus der Luft für die US-Marineinfanteristen am Boden: Das Marine Corps Warfighting Laboratory (MCWL) testet Lieferungen mit unbemannten Fluggeräten UAV (Unmanned Aerial Vehicles). Sie haben einen Elektroantrieb und können aus einem Flugzeug abgeworfen werden um dann selbstständig zu den Bodentruppen zu gleiten. Die Drohnen sollen von einem Flugzeug wie der C-130 Hercules oder der V-22 Osprey oder von einem Hubschrauber wie dem CH-53 Sea Stallion aus gestartet werden. Vorteil gegenüber einem Konvoi am Boden: Je nach Flughöhe können die Silent Arrows 60 bis 115 Kilometer vom Ziel entfernt starten. Der Nachschub kann also ungefährdet angeliefert werden.

The Beauty of Weapon

Schiffe ohne eigenen Antrieb werden überwiegend auf Binnengewässern verwendet. Sie werden entweder gezogen oder geschoben und dienen hauptsächlich dem Transport von Menschen und Gütern. Je nach Einsatz unterscheiden sich die Bezeichnungen und die Lichterführung von Schleppern und Geschleppten.
[23] Allgemeine Regel für die Lichterführung von Maschinenfahrzeugen: ein Topplicht vorn, ein zweites Topplicht (achterlicher und höher als das erste), Seitenlichter, ein Hecklicht.
[24a] Schleppende Fahrzeuge führen zusätzlich zu den normalen Positionslichtern zwei Topplichter senkrecht übereinander und ein Schlepplicht über dem Hecklicht. Wenn der Schleppverband vom Heck des Schleppers bis zum Ende des Anhangs länger als 200 m ist, werden drei Topplichter senkrecht übereinander geführt.
[24a (v)] Wenn der Schleppzug länger als 200 m ist, muss ein rhombusförmiger Signalkörper dort geführt werden, wo er am besten zu sehen ist.

[24h und i] Schiffe, die üblicherweise nicht zum Schleppen eingesetzt werden, brauchen keine Schlepplichter zu führen, wenn ihnen das nicht mit vertretbarem Aufwand möglich ist. Dies gilt auch für Fälle, in denen Schiffe aus einer Notlage heraus geschleppt werden müssen. In solchen Fällen sollte versucht werden, das geschleppte Fahrzeug oder die Schleppleine möglichst gut zu beleuchten.

Ein Leichter (Barge) ist ein antriebsloser, schwimmender Ladungsbehälter, der im Schubverband bewegt wird. Der klassische Schleppkahn entwickelte sich aus dem frühen Treidelkahn, der an Flussläufen vom Lande aus gezogen wurde. Viele Spazierwege waren ursprünglich Treidelpfade. Antriebslose Leichter können auch von Schleppern oder mit einer elektrischen Treidelanlage gezogen werden. Die zum Ziehen und Schieben anderer Schiffe oder großer schwimmfähiger Objekte eingesetzten Schleppschiffe (engl. tugboat oder tug) besitzen leistungsstarke Antriebe. Meist werden zum Ziehen Schlepptrossen verwendet, die am Schlepper an Haken eingehängt oder an Seilwinden aufgerollt sind. Zukünftige elektrische Schleppschiffe werden aus dem Schleppgut mit Energie versorgt werden; so genannte „Parasit-Verbände" müssen aber erst noch erfunden werden. In diesem Zusammenhang wird auch über Wellengenerierende Zugschiffe und Welleninterferierende, so genannte SURF-Leichter nachgedacht. Einen mutigen Schritt hin zu Elektroschleppern beobachten und verfolgen wir derzeit bei unserem langjährigen Forschungspartner, dem Germanischen Lloyd mit großem Interesse. Die Klassifikationsgesellschaft DNV GL[40] arbeitet an der Zukunft der Seeschifffahrt und hat für die Herausforderungen der Zukunft "ReVolt" entwickelt – ein Schiff, das ökologischer, intelligenter und sicherer als konventionell angetriebene und betriebene Schiffe sein soll. Im Vergleich zu einem Schiffsdiesel kann der Elektromotor der "ReVolt" 60 Prozent der Energie in Vortrieb umsetzen. Bei einem konventionellen Dieselmotor wird in der Schifffahrt ein Wirkungsgrad von gerade einmal 15 Prozent erreicht. Zudem besteht der Elektroantrieb aus weniger wartungsintensiven Teilen – wie etwa rotierende Komponenten – und weist somit geringere Wartungskosten auf. Was auf dem Wasser möglich ist, wollen wir Theoretiker natürlich auch in der Luft sehen. Das Gute daran: es braucht nichts neues erfunden zu werden.

---

[40] Klassifikationsgesellschaften erstellen technische Richtlinien zum Entwurf und zur Konstruktion von Schiffen und geben diese als Bauvorschriften heraus, DNV GL ist aus der Fusion der Det Norske Veritas (DNV) mit der Germanischer Lloyd (GL) entstanden. https://www.zukunft-mobilitaet.net/83173/binnenschifffahrt-seeschifffahrt/schiff-der-zukunft-autonom-elektroantrieb-revolt-dnv-gl/

Lastensegler. Beim Flugzeugschlepp oder kurz F-Schlepp hängt eine Fluglast, z.B. ein Segelflugzeug vermittelt durch ein Schleppseil einem ausreichend motorisiertem Schleppflugzeug an. Prinzipiell ist das Schleppflugzeug beliebig, sofern es für den Schleppflug zugelassen ist. Es können also auch dafür zugelassene Ultraleichtflugzeuge oder ausreichend starke Motorsegler als Schleppflugzeuge verwendet werden. Bei (Sport-) Segelflugzeugen bringt der Schlepppilot die Fluglast nach Möglichkeit in einen Aufwind, wo es ohne Motorhilfe weiter steigen kann. Die Fluglast kann ein Werbeschleppbanner oder ein Ziel für Schießübungen sein. Obwohl sich Anton Fokker das Prinzip des Flugzeugschlepps schon 1912 patentieren ließ (Schleppen eines Gleiters v. Lilienthal mittels Motorflugzeug), die praktische Umsetzung scheiterte am Ausbruch des Ersten Weltkriegs, fand der erste dokumentierte Lastenschleppflug erst am 1. Oktober 1922 auf Manhasset Bay, Long Island, NY statt. Eine Curtiss Seagull gesteuert von Glenn Hammond Curtiss brachte einen Wassergleitflugzeug erfolgreich in die Luft. Nach dem Ausklicken landete der Gleiter wieder auf dem Wasser. In Deutschland wurden in den 20er Jahren zahlreiche experimente, vornehmlich im Hause der Raab-Katzenstein-Flugzeugwerke GmbH durchgeführt. In den 30er Jahren und im Zweiten Weltkrieg kümmert man sich zunehmend um Lastensegler.

Bei den meisten Flugzeugschlepps kann das Segelflugzeug bei geringerer Geschwindigkeit als die Schleppmaschine fliegen und hat eine hochwertigere Tragfläche. Ein Schleppzug ist möglich, bei dem sich das Segelflugzeug über der Schleppmaschine befindet und durch das Seil einen Teil ihres Gewichts übernimmt. Dabei werden beide Luftfahrzeuge am Schwerpunkt verbunden und das Segelflugzeug fliegt ähnlich wie ein Drachen 10–20 m über der Schleppmaschine, leicht nach hinten versetzt.

In den 30er Jahren kommen Entwicklungen in Gang, die wir modernen Menschen für schier unmöglich halten würden: der Schlepp von Lastenseglern mit extrem kurzen Seilen und sogar mit regiden Stangen (Starrschlepp um den Blindflug zu erleichtern) wird untersucht. Experimente mit unbemannten Lastenseglern folgen. Auch erste fliegende Anhänger, die die S chleppmaschine mit Treibstoff versorgen, werden entwickelt. Sehr interessant auch der Schlepp von mehreren Fluglasten oder der Fangschlepp, bei dem der zu schleppende Lastensegler von einem fliegenden Schlepper aufgenommen wird. Um die brutalen Energiesprung beim Start zu dämpfen, werden entweder am Schleppseil plastisch verformbare Elemente angebracht, oder es wird das Seil von einer gebremsten Seiltrommel abgespult.

Beim Start hebt der Lastensegler zuerst ab, es ist aufgrund seiner Aerodynamik bereits bei deutlich geringeren Geschwindigkeiten flugfähig als die

Schleppmaschine. Bei einer Geschwindigkeit von ca. 100 km/h hebt auch das Schleppflugzeug ab.

Ein energetisch vorteilhafter Schlepp von Lastenseglern gelingt, wenn der Segler bei geringeren Geschwindigkeiten fliegen kann als das Schleppflugzeug. Es sind also besonders hochwertige und leistungsfähige Fluglasten zu konstruieren und der Schlepper muss über (hervorragende) Langsamflugeigenschaften verfügen. Fliegt das segelnde Flugzeug über dem Schlepper, kann dieses sogar einen Teil dessen Gewichts übernehmen immer dann, wenn beide Luftfahrzeuge am Schwerpunkt verbunden sind und das Segelflugzeug ähnlich wie ein Drachen 10–20 m über der Schleppmaschine, leicht nach hinten versetzt fliegt. Beim Start kann mit dieser Technik die Schleppmaschine früher abheben, weil ein Teil des Auftriebs vom geschleppten Seglers erzeugt wird und schneller steigen, weil das Segelflugzeug eine bessere Gleitzahl hat. Besonders günstig ist der Hubschlepp, wenn die Schleppmaschine an der Beladungsgrenze fliegt und somit beim normalen Schlepp mit einem ungünstig hohen Anstellwinkel fliegen würde[41].

Anfang der 1930er-Jahre fanden im Deutschen Reich und in der Sowjetunion die ersten Projektstudien und der Bau von Versuchsmodellen statt. Im Deutschen Reich entstand für Forschungszwecke der Kleinlastensegler OBS bei der DFS in Darmstadt. Ernst Udet, dem der OBS vorgeflogen wurde, gab daraufhin die Weisung zur Entwicklung eines militärischen Lastenseglers, woraufhin die DFS 230 konstruiert wurde. Vorteil eines Lastenseglers gegenüber einem Transportflugzeug war, dass dieser eine Infanteriegruppe geschlossen am Ziel anlanden konnte und dass für den Einsatz keine ausgebildeten Fallschirmspringer notwendig waren. Ein Fallschirmsprung barg immer die Gefahr, dass die Springer durch den Wind abgetrieben werden konnten. Ansonsten erforderte der Schlepp einer DFS 230 eine Transportmaschine, welche die gleiche Anzahl von Fallschirmjägern hätte transportieren können.

The Beauty of Weapon

---

[41]Ein Schleppzug ist möglich, bei dem sich das Segelflugzeug über der Schleppmaschine befindet und durch das Seil einen Teil ihres Gewichts übernimmt. Nach: https://de.wikipedia.org/wiki/Flugzeugschlepp

Ha. Es ist also geschafft. Endlich gibt es einen echten Grund, sich über das Langsamfliegen zu freuen. Wenn alle beteiligten vernünftig sind, können wir sogar die Leistungsanforderungen an die Schleppmaschine auf ein erträgliches Mass für den Dauerbetrieb herunter fahren. Dann wären auch mittlere Strecken mit Lastenseglern energetisch sinnvolle unternehmen. Beim Langsamfliegen hätten auch unsere Ballermann-Freund genügend Zeit darüber nachzudenken, was an diesen NeunzehnEuroFlügen faul sein könnte. Ach nein, ich möchte mich hier nicht politisch-polemisch äußern, sonst fliegt meine Tarnung auf und ich stünde fortan als Anarchist da.

Hanna Reitsch (1912 – 1979) war eine der erfolgreichsten Fliegerinnen des 20. Jahrhunderts. Sie erflog mehr als 40 Rekorde in allen Klassen und Flugzeugtypen. Vom Juni 1934 an war Reitsch als Versuchspilotin für die „Deutsche Forschungsanstalt für Segelflug" in Griesheim. Dabei arbeitete sie eng mit dem bekannten Konstrukteur Hans Jacobs zusammen. Als erste Frau der Welt wurde sie 1937 von Ernst Udet zum Flugkapitän ehrenhalber ernannt und im September 1937 als Versuchspilotin an die Flugerprobungsstelle der Luftwaffe Rechlin berufen. Dort erprobte sie Stukas, Bomber und Jagdflugzeuge. Ab dem Winter 1943/1944 setzte Reitsch sich für die Entwicklung der „Selbstopfer"-Flugzeuge ein.
Obwohl Hanna Reitsch eine begeisterte persönliche Anhängerin Hitlers war, dem sie bis zuletzt die Treue hielt, war sie dennoch keine „klassische Nationalsozia-listin" und weder Mitglied der NSDAP noch einer anderen NS-Organisation. Nachdem Hermann Göring von Hitler aller Ämter enthoben wurde, flog Hanna Reitsch dessen designierten Nachfolger Robert Ritter von Greim am 26. April 1945 mit einem Fieseler Storch in das von der Roten Armee bereits eingeschlossene Berlin, damit dieser von Hitler persönlich zum Oberbefehlshaber der Luftwaffe ernannt werden konnte. In der Nacht vom 28. auf den 29. April 1945 nutzten Reitsch und Greim die Charlottenburger Chaussee als Startbahn, um mit dem letzten Flugzeug, einer kleinen Arado, weiter nach Plön zu fliegen, wo sich zu dieser Zeit noch Hitlers Nachfolger Karl Dönitz aufhielt. Ab 1954 arbeitete Reitsch erneut als Testpilotin in Darmstadt, bei der Deutschen Versuchsan-stalt für Luftfahrt (DVL). 1961 wurde sie von Präsident John F. Kennedy zu einem Besuch im Weißen Haus eingeladen und traf in den USA auch ihren Jugendfreund Wernher von Braun wieder. Hanna Reitsch starb heute vor vierzig Jahren in Frankfurt am Main. Der Spiegel (36/1979) schrieb in seinem Nachruf: „Hanna Reitsch verkörperte aufs äußerste zugespitzt die deutsch-nationale Schizophrenie zwischen äußerer Modernität und innerem

Mittelalter, zwischen technisch-wissenschaftlicher
Intelligenz und verblendeter ‚Gläubigkeit', zwischen
persönlichem Anstand und kollektiver Barbarei."

The Beauty of Weapon

Betrachten wir zum Abschluss noch einmal die böse, die reale Welt. Von welcher Größenordnung Lastensegler sprechen wir eigentlich? Deutsche Lastensegler wurden im Zweiten Weltkrieg als Transportflugzeuge der Luftwaffen-Einheiten verwendet. Die Westalliierten setzten bei militärischen Operationen den Lastensegler in großen Mengen ein. Von der Sowjetunion wurden Lastensegler in erheblich geringerem Ausmaß genutzt. In der *Operation Beggar*[42] wurden 27 <u>Horsa</u>-Lastensegler über 5100 Kilometer von England nach Tunesien geflogen.

Die Gribowski G-29 (russisch Грибовский Г-29) war ein
Lastensegler des sowjetischen Flugzeugkonstrukteurs
Wladimir Konstantinowitsch Gribowski, den er während
seiner Zeit im OKB-28 konstruierte.
Länge   10,84 m
Spannweite   18,00 m
Tragflügelfläche   30,00 m²
Leermasse   960 kg
Startmasse   maximal 1.660 kg
Höchstgeschwindigk.   220 km/h
Das OKB[43] war ein Experimental-Konstruktionsbüro und ist
die Bezeichnung für ein von einem erfolgreichen Luft- und
Raumfahrt-Ingenieur geleitetes sowjetisches bzw.
russisches Entwicklungs-, Konstruktions- und
Planungsinstitut, nach dessen Plänen in Herstellungsbe-
trieben Flugzeuge, Raketen oder Ähnliches produziert
wurden. Der elfsitzige, fast vollständig aus Holz
hergestellte Schulterdecker Gribowski G-29 besaß ein
unverkleidetes Fahrwerk und ein geschlossenes Cockpit.
Zur Landung konnte jedoch auch eine Landekufe verwendet
werden, in diesem Fall konnte das Fahrwerk nach hinten
geklappt werden. Metall wurde nur an besonders belasteten
Stellen eingesetzt. Das Flugzeug ging auf eine Forderung
nach einem Lastensegler zurück, die nach Beginn des
Großen Vaterländischen Krieges gestellt worden war.

The Beauty of Weapon

---

[42] Segler der No. 2 Wing, Glider Pilot Regiment wurden von Halifax der No. 295 Squadron der Royal Air Force gezogen.
[43] Nach: https://de.wikipedia.org/wiki/Experimental-Konstruktionsb%C3%BCro

Die deutsche DFS 230 war ein (abgestrebter) Schulterdecker mit einem rechteckigen Rumpfquerschnitt. Dieser bestand aus einem geschweißten Stahlrohrfachwerk mit Stoffbespannung. Die einholmigen trapezförmigen Tragflächen waren an der Tragflächenvorderkante mit Sperrholz beplankt; der hintere Teil stoffbespannt. Für den Start besaß die DFS 230 ein abwerfbares Radfahrwerk; gelandet wurde auf einer gefederten hölzernen Gleitkufe. Die DFS 230 wurde als Lastensegler für eine Besatzung von einem Piloten und neun Soldaten entwickelt. Die Konstruktion stammte von der Deutschen Forschungsanstalt für Segelflug (DFS) in Darmstadt unter der Leitung von Hans Jacobs und ging, nachdem sie unter anderem von Hanna Reitsch getestet worden war, als DFS 230 A-1 in Serie. Mit einer Spannweite von knapp 22m bei einer Flügelfläche von 41.3 m2 konnte sie mit maximal 210 km/h geschleppt werden. Ihre Startmasse betrug 2100 kg (Leermasse 860kg); was eine Liftkraft von L(Start) = 21kN erfordert. Das sind durchaus gediegene Eckdaten einer trotz allem Leichtbau überdimensionierten Konstruktion. Die theoretische Liftkraft aus 40m^2 Tragflügelfläche mit einem unterdurchschnittlichem (ca=1) Tragflächenprofil beträgt bei 100 km/h (28m/s) Liftkraft L_{th} (28) = 18.8kN und bei einer Reisegeschwindigkeit von 200 km/h (56 m/s) entwickelt das Fluggerät eine Liftkraft L_{th} (56) = 75.3kN. Aus meiner (heutigen und vor allem laienhaften) Sicht möchte ich die DFS 230 als ausgesprochen hübsches Bauerntrampel bezeichnen, vergessen wir nicht, dass die Konstruktion aus der Deutschen Forschungsanstalt für Segelflug (DFS) stammte. Dort war man aufs feinste mit der Gestaltung effizienter Segelapparate vertraut und besaß ein sicheres Händchen für rustikale und gleichzeitig leistungsbetonte Ästhetik. Wir würden das heute vielleicht Resilienz-Design nennen.

Ganz anders die Me-323 „Gigant" aus dem Hause Messerschmitt. Die ab 1942 im schwäbischen Leipheim produzierte Gigant wog 43 Tonnen (Startmasse) war alles andere als sparsam angelegt und hatte mit einer Spannweite von etwa 55 Metern eine Tragflügelfläche von 300m^2. Sie konnte bis zu 285 km/h schnell fliegen. Schauen wir auch hier noch einmal auf die theoretische Liftkraft aus 300m^2 Tragflügelfläche mit einem (gediegenen, ca=1) Tragflächenprofil bei 100 km/h (28m/s) an, so erhalten wir: Liftkraft L_{th}(28) = 141.1kN. Ab 1943 wurde bei Zeppelin in Friedrichshafen die Z Me 323 G (Z für Zeppelin) entwickelt. Sie sollte laut Lastenheft eine Mindest-Nutzlast von 12,7 Tonnen (L=127kN) tragen können. Im Mai 1944 legte die Firma den Entwurf für die Z Me 323 H für 16,2 Tonnen Mindest-Nutzlast vor. Alle Wetter. Das sind eindrucksvolle Zahlen aus dem Ländle. Dennoch ist die Gigant für unsere Überlegungen ziemlich uninteressant, weil: der „Lastensegler war mit 6 × luftgekühlte 14-Zylinder-

Sternmotoren Gnome-Rhône 14N 48/49, je 1.180 PS (868 kW) Startleistung motorisiert.

Nicht nur Panzer und Stahlhelme im Lego-Look werden von verschiedenen Firmen hergestellt. Auch mit Kampfjets, Tarnkappenbombern, Flugzeugträgern, Zerstörern, Radarstationen, Geschützen, Hubschraubern und Sondereinheiten mit Spezialwaffen kann das Kinderzimmer oder die Sammlervitrine aufgerüstet werden. Die bekannteren Hersteller des Miniaturkriegsgeräts heißen Best Lock, Corbi, Enlighten und Sluban. Ihre Produkte werden vor allem im Internet gehandelt. Aber auch einige Spielwarenläden, Militariahändler und selbst Museumsshops in französischen Weltkriegs-Museen bieten die Panzer und Kanonen an[44].

The Beauty of Weapon

Was lernen wir daraus. Groß ist nicht immer schön. Groß ist auch nicht immer gut. Aber was ist schon groß? Ist eine Boeing 727 aus dem Jahre 1963 eigentlich Groß? Mit einer Spannweite von 33 Metern und einer Tragflügelfläche von 157 m^2 sieht sie neben der Me 323 Gigant fast putzig aus. Jede Tonne Nutzlast hat ihren Preis. Selbst wenn wir einen guten Grund fänden langsam zu fliegen, muss man ja erst einmal vom Boden wegkommen. Oben dann, in der Prandtlschicht, geht es leichter vonstatten. Der Entwurf eines zeitgemäßen (um den Begriff modern zu vermeiden) Lastenseglers stellt sich für den hier so oft gescholtenen Laien als eine wunderbare Beschäftigung dar. Es spricht auch überhaupt nichts weiteres (also neben allem Anderem) dagegen, einer Mehrdeckerkonstruktion eine Zukunftschance zu geben. Nach dem Motto: Dreidecker zieht Zweidecker. Warum denn nicht. Mühe also stecken wir in den Auftriebsapparat; in seine Konfiguration und seine Profilkontur. Ein Auftriebs-beiwert von ca>1 sollte wirklich kein Problem sein. Zumal wir ja nicht besonders schnell unterwegs sein wollen.

Eines der Lieblingsflugzeuge meiner Kindheit war die Pilatus Turbo-Porter. Weil sie so schön eckig war, konnte man sie perfekt aus LEGO nachbauen. Die Pilatus war nicht schön, aber der (ich sage mal lebende) Beweis, dass ein Konstrukteur (der kleine Michel wollte Flugzeug-Ingenieuer werden) gleich am Anfang schon (dann, wenn er erst nur eckig kann) etwas Nennenswertes in die Luft bekommt,

---

[44] https://www.zeit.de/2015/04/kinder-spielzeug-daenemark-krieg

was tatsächlich fliegt. Die ganze Schweiz stand damals für robust, eckig, fliegt. Wir hatten noch keine Angst vor Flugzeugabstürzen in der näheren Umgebung. Das änderte sich mit Ramstein[45], aber bis dahin sollten noch fast 20 Jahre, viele davon Kinder- und Jugendjahre, vergehen. Ich wuchs quasi in der düsenjägerknallgeschwängerten Flugschneise Biebrich-Erbenheim der amerikanischen *Wiesbaden Air Base*[46] auf. Außer AFN täglich gab es einmal im Jahr den großen Flugtag auf dem amerikanischen Militärflughafen in Wiesbaden-Erbenheim, den ich dankenswerterweise so gut wie nie verpasste. Es könnte Im Jahr 1970 gewesen sein. Erst waren die Busse der Linie 5 nach Erbenheim rappelvoll. Dann die Sandalen auf dem langen Fußweg. Ein ohrenbetäubender Lärm am Himmel entschädigte alle Mühen. Jetzt flog die italienische FIAT G91 Kunstflugstaffel bunte Streifen in den Himmel, dann die BO105 angeblich einen Looping, den ich aber irgendwie verpasst haben musste und aus einer Herkules heraus wurde das wunderbare amerikanische Eis verkauft. Erdbeere-Vanille-Schokolade als Block in Pappe. Profis brachten sich von zu Hause einen Löffel mit. Wir Jungs nannten sie, die Herkules, ebenfalls ganz professionell, nur die C-130 aber keiner von uns hatte sie bis jetzt je aus der Nähe gesehen. Flugzeuge riechen übrigens toll. Die C-130 war langsam genug oder vielleicht auch nur laut genug, dass ich es meistens noch rechtzeitig ans Küchenfenster schaffte, wenn sie vorbeidonnerte. Durch die Ladeluke und hinter dem Eismann-Soldaten konnte man jetzt sehen – die Warteschlange war ja lang genug um das ausgiebig zu genießen – dass sie innen mit grünem Stoff „ausgesteppt" war. Ich dachte immer, so ein Spionage-Flugzeug sei vollgestopft mit elektronischen Geräten, Zeigern und Schaltern, klick-klick-klick-redivorTeekoff!! Aber nix, leer, gesteppt, grün. Obwohl. Bei näherer Betrachtung sah die Herkules innen genau so aus, wie unser grüner Sessel im Wohnzimmer; das konnte kein Zufall sein. Später dann, ich kann mich noch bestens an das Licht erinnern; die Pappeln draußen triggerten die Sonnenstrahlen in genau der Weise, wie man es von diesen Expeditionenfilmen her kannte, experimentierte ich damit herum. Bald, also nach ein paar Tagen, verstand ich den Sessel so über dem gebohnerten Linoleumboden zu wenden, dass es kaum Gepolter und keine verräterischen Streifen mehr gab. Sie war

---

[45] Das Flugtagunglück von Ramstein geschah am 28. August 1988 auf der von den Vereinigten Staaten in Ramstein bei Kaiserslautern (Rheinland-Pfalz) betriebenen Air Base während einer militärischen Flugschau, deren Besucherzahl auf 350.000 geschätzt wurde.[1] Nach einer Kollision in der Luft stürzten drei Kunstflug-maschinen über die Air Base ab; eines der Flugzeuge rutschte brennend ins Publikum. https://de.wikipedia.org/wiki/Flugtagungl%C3%BCck_von_Ramstein

[46] Der Flugplatz Wiesbaden-Erbenheim (IATA-Code WIE, ICAO-Code ETOU, englisch Wiesbaden Army Airfield; ehemals auch Wiesbaden Air Base) ist ein Militärflugplatz der US Army und hat eine über 100 Jahre alte Tradition. Er liegt rund acht Kilometer südöstlich der Wiesbadener Innenstadt in Wiesbaden-Erbenheim und etwa 30 Kilometer westlich des Frankfurter Flughafens

perfekt; meine unheimliche Wohnzimmerherkules hatte innerhalb kurzer Zeit viele Flugstunden absolviert. Unter und in ihr konnten alle erforderlichen LEGO-Arbeiten durchgeführt werden. Leider sollte sie wenig später ein tragisches Ende ereilen. Aber es wäre an dieser Stelle jetzt viel zu langweilig darüber zu berichten, wie eine ganze Geburtstagsgesellschaft, angeführt von meinen Onkels Emil, Willi und Kunibert, zum Entsetzen meiner Mutter und mit äußerstem Gejohle einen uralten zerschrammten, grünen Sessel zerhackten. Wo kam das Beil plötzlich her? War es also Vorsatz gewesen. Und hatte es damit zu tun, dass die Familie für ein „Hohensteiner Sitzkissen" zusammengelegt hatte, das – aus heutiger Sicht merkwürdigerweise - Puff hieß. Egal.
Jetzt kamen wir in den hinteren Teil der AIR-Base. Die Flugzeuge waren hier farbiger. Und dort stand sie; wahrlich und wahrhaftig. Aus der Nähe besehen und in echt, fühlte sich die Turboporter gar nicht mehr so eckig an.

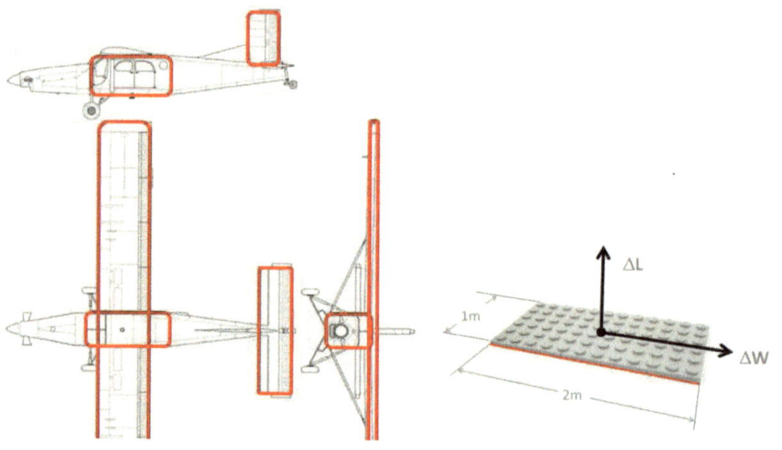

Rahmenpunkte für den LEGO Porter und die spezifische theoretische Liftkraft und Widerstandskraft einer Platte mit 72 Noppen.

Später dann in den 90ern (zur gleichen Zeit rettete James Bond mit einem beeindruckendem Flugmanöver in einer Pilatus PC-6 Porter seine Haut in "Goldeneye") war ich mindestens viermal im Jahr Rast-Gast in Hartenholm; hier wurden die Kinder getauscht: Nordseekinder und Berlinkinder fuhren entweder ans Meer oder in die Stadt oder wieder zurück, hier war die unverwüstliche

Porter für die Gleitschirmspringer der Transportflieger, hier flog für eine oder zwei Stunden und etlichen Tassen Kaffee eine Zeitmaschine für mich rum. Obwohl der kleine Michel abwechselnd für Deutsch oder Englisch oder Geschichte regelmäßig einen blauen Brief bekam, hatte ich eine tolle, spannende und unbeschwerte Kindheit. Es war die Zeit der Abenteuer. Denn vor der Hartenholm-Zeit, also damals, als ich selber noch klein war, hatten Legosteine physikalische Eigenschaften. Flugzeuge aus Lego konnten starten, fliegen und sicher landen. Die sehr universelle graue Bauplatte 72 mit exakt 2 m^2 Fläche erzeugte je nach Anströmgeschwindigkeit und Profilauswahl mehr oder weniger Auftrieb L. Leider auch Widerstand W. Wenn wir Jungs damals über NACA Profile fachsimpelten, ging ich fest davon aus, dass es nicht mehrere davon geben könne, sondern nur das NACA an und für sich und dass auf jeden Fall eine Auftriebskraft wirkt und es einen Luftwiderstand gibt. Daran bestand kein Zweifel, denn mit dem Widerstand beim Fahrradfahren kannte ich mich bestens aus. Damit die LEGO-Porter fliegen kann, brauchte man für die kleine, also jene mit dem luftgekühlten Lycoming GSO-480-B1A6 - 6-Zylinder-Boxermotor ausgerüstete PC 6 (ihr Nachfolger, die legendäre PC6 Turboporter hatte einen Turboprop-Antrieb) brauchte man also 15 Stück von den 72ern. Auch das wusste ich mit 11; ich konnte ja zählen. Aber von den 72er Platten hatte ich nur vier Stück. Aber am Ende geht es bei Lego ja immer nur um die möglichst naturgetreue Nachbildung des Erlebten.

		Spezifischer Lift ΔL		72er LEGO	LEGO-Porter
		N/m^2		N	kN
Anströmgeschwindigkeit		100 km/h	200 km/h	100 km/h	100 km/h
Profil	$c_a(\alpha=10°)$	28 m/s	56 m/s	28 m/s	28 m/s
Platte 0005	0.74	348.1	1392.4	696	10.440
Platte 0305	1.00	470.4	1881.6	940	14.100
Platte 0505	1.44	677.4	2709.5	1354	20.310
NACA 0010	1.00	470.4	1881.6	940	14.100
NACA 5410	1.59	747.9	2991.7	1494	22.410
NACA 4416	1.77	832.6	3330.4	1664	24.960
NACA8312	2.0	940.8	3763.2	1880	28.200
NACA12411	2.4	1128.9	4515.8	2256	33.840
		Start	Reise	Start	Start

Was ich zu dieser Zeit nicht wusste, nicht wissen konnte war, was dies wohl fluidmechanisch bedeuten könne. Selbst unser hochverehrter Physiklehrer

Eisenach kannte Newton eher noch vom Sehen und nicht so sehr als Einheit. Wir haben tatsächlich noch mit „Kilopond" gerechnet, wenn es um Kräfte ging. Was sich immerhin recht intelligent anhörte aber ähnlich schräg wie Kemie (schreib: Chemie) rüberkam, was Lehrer E. ebenfalls unterrichtete oder das Cull-mann'sche und das Seileck-Verfahren, ein paar Jahre später.

Beim LEGO-Porter lässt sich also, ähnlich wie beim LEGO-Starfighter und allen anderen LEGO-Flugzeugen mit den LEGO Recipes of Design[47] arbeiten, was den Berechnungsaufwand erheblich reduziert und Überblick schafft. Betrachten wir zum Vergleich mit unserem LEGO-Porter noch einmal den wirklichen, realen Porter PC6 auf dem Erbenheimer Flugfeld.

	PC-6 Porter		LEGO-Porter	
Besatzung	1		ich	
Passagiere	max. 10 (dichte Bestuhlung)		es gab keine Lego-Männchen	
Länge	10,20 m		10 m	
Spannweite	15,13 m		15 m	
Flügelfläche	28,80 m²		30 m²	
Leergewicht	1070 kg		?	
Startgewicht	1960 kg normal		1410 kg	(Platte 3%)
	2200 kg (TurboPorter)		2241kg	(NACA!)

Das ist alles sehr beruhigend. Die spezifische theoretische Liftkraft bei einer Startgeschwindigkeit 100 km/h (28m/s) und bei einer Reisegeschwindigkeit von 200 km/h (56 m/s) des LEGO-Porters nach den LEGO Recipes of Design reicht also aus immer dann, wenn wir statt einer gewölbten Platte (PL0305, ca(10°)=1) eine 72er LEGO-Tragflügelplatte (Standardfläche 2m²) mit einem etwas performanteren Profil (NACA 5410, ca(10°)=1.59) auswählen und zusammenstellen.

Auswählen-Zusammenstellen ist also das Zauberwort der LEGO Recipes of Design. Ein Flugzeug vom Stand der Technik besteht aus ungefähr 100.000 interagierenden Teilen, die schon in der so genannaten „Frühen Phase der industiellen Produktentwicklung zu einem funktionierendem Ganzen zusammengefügt werden. Das macht den Produktentwicklungsprozess zu einem hochgradig komplexen Vorgang. Es gibt daher nicht wenige Konzepte draußen in der bösen Welt aber auch hier bei uns in der Lehre, die durch

---

[47] Eine Design Sprache basierend auf der VDI-R 2221, die gerade eben, wo Sie das lesen, erfunden wird.

geschickte Modularisierung, also die Gestaltung eines Systems aus weitgehend unabhängigen Modulen versucht, diese Komplexität beherrschbar zu machen. In der Gestaltungspraxis zeigt sich rasch, dass wenn die „technische Komplexität" eines (technischen) Systems, eines Artefakts und hier vielleicht eines Fluggeräts dadurch beherrschbarer wird, dass die organisatorische Komplexität seines Entwicklungsprozesses steigt, in vielen Fällen nicht viel gewonnen ist. Wegen der hohen Zahl technischer Komponenten bleibt der Artefakt ein schwer überschaubares Gesamtsystem; technische Module bergen die Gefahr unvorhersehbarer Interaktionen; der im Allgemeinen hochgradig arbeitsteilige Entwicklungsprozess technischer Artefakte führt zu einem hohen Koordinations- und Abstimmungsbedarf zwischen alle Beteiligten. Und dann quängeln auch noch die Auftraggeber. Ein strategisches Ziel der LEGO Recipes of Design müsste also sein, die Komplexität des Gesamtvorgangs dadurch wirkungsvoll zu reduzieren, indem LEGO Recipes of Design neben der technischen auch zu einer organisatorische Modularisierung führt. Während sie das hier lesen, und wirklich und tatsächlich die Entstehung der LEGO Recipes of Design – die Ihnen hier gerade als „Life-Gig" präsentiert wird - beobachten, praktizieren abertausende Design-Studenten und Studentinnen diese Kästchen- und/oder Modulmethoden. Und ich füge hinzu: unter Umgehung der Lehren von Pahl und Beitz[48] und der VDI-Richtlinie VDI-R 2221. Während die klassische „systemorientierte Herangehensweise" etwa der VDI-R davon ausgeht, dass dem Anwender die Grundlagen der Physik, der Thermodynamik, der Strömungslehre, der Maschinenelemente, usw. bekannt sein sollen!! Verlässt sich der Anwender des „Kästchen-Designs" darauf, dass die physikalische Wirklichkeit im Kästchen und die Wechselwirkung zwischen mehreren Kästchen schon auf eine wundersame Weise funktioniert und irgendwie stimmen wird. Ich frage mich, ob das nun gut oder schlecht ist. Auch die LEGO Recipes of Design wollen das mehr oder minder zufällige Ergebnis der Konstruktion eines nicht selten als genial selbsteingeschätzten Designers wenn nicht entzaubern, dann doch wenigstens durch systematisches Entwickeln unterstützen. Die LEGO

---

[48] https://link.springer.com/content/pdf/10.1007%2F3-540-26789-1_2.pdf

Die „klassische Art" der Konstruktionslehre beruht darauf, dem Lernenden physikalische Grundlagen und wesentliche Maschinenelemente zu vermitteln. Dabei wird das „Wie" der Anwendung ausgespart und bleibt dem Erfindungsgeist und dem Geschick des Einzelnen überlassen. Parallel hierzu gibt es als Konstruktionslehre die „Konstruktionsmethodik", wie sie seit den 1970ern neu an einigen Lehrstühlen Technischer Universitäten eingeführt wurde. Hier wird davon ausgegangen, dass die Grundlagen der Physik, Thermodynamik, Maschinenelementekenntnis- und Auslegung bereits bekannt sind. Vielmehr richtet sich der Fokus der Methodik darauf, das mehr oder minder zufällige Ergebnis der Konstruktion durch systematisches Arbeiten auf eine begründbare Basis zu stellen. Hierbei erhofft man sich eine bessere Messbarkeit des Konstruktionsprozesses, eine Beschleunigung desselben und vor allem fokussiert die Konstruktionsmethodik neuartige Produkte. Kritiker beklagen allerdings aufgrund der Formalisierung einen Verlust an Kreativität im Konstruktionsprozess.

Recipes of Design schaffen also lokale Kabinette, in denen durchaus hockkomplexes enthalten ist, das aber den Designer weniger „angeht". Im Sinne von seine Kompetenz fordert. Es werden (weitestgehend) umabhängige Komponenten angefertigt, von wem auch immer, die einem Betrachter inert und unabhängig erscheinen und lediglich an einer (nach außen ragenden) Stellschraube in unterschiedliche Moden geschaltet werden können. Die Komponente (das Kästchen) besitzt dabei (1) physikalische und (2) funktionale Unabhängigkeit. In dieser Reihenfolge. In den LEGO Recipes of Design sind diese Komponenten natürlich LEGO-Steine. In den Rezepten werden die Komponenten vielleicht einmal (ganz am Anfang oder in einem verstaubten Anhang) ausführlich beschrieben und in ihrer physikalischen Wirksamkeit anhand eines Datenblattes aufgeführt (und abgeheftet). Der Designer hat ab jetzt nichts mehr mit der physikalischen Wirklichkeit innerhalb des LEGO-Steins zu tun. Ein klein wenig mehr interessiert ihn (oder Sie, die Designerin) vielleicht noch das Zusammenwirken der einzelnen Komponenten in einem Verbund von Elementen: der so genannten „modularen LEGO-Systemarchitektur". Sie (die Systemarchitektur) zeichnet sich dadurch aus, dass alle LEGOsteine eine finite und ihnen inhärente Physik und Funktionalität besitzen und diese Elemente funktionale und physikalisch abgeschlossene (finite) Einheiten darstellen. Ein derartig funktional-physikalisch finiter LEGO-Baustein ist die 72er Bauplatte. Der Designer (ich verwende jetzt mal die maskuline Form, weil ja selbst für den wohlwollenden Leser/die wohlwollende Leserin absehbar wird, dass diese Geschichte nicht gut ausgeht), der Designer also lediglich auf der Skala „Modus 6" anwählt, die 72er Platte ab jetzt ein NACA 4416 aufweist, aus dessen physikalischem Innenleben einen Lift-Koeffizienten von $c_a=1.77$ aufweist und in ihren Standardabmessungen einen Lift von 1.7 kN produziert, wenn sie bei 100 km/h „gefahren" wird: ein finiter LEGO-Baustein als Feature. Die LEGO Recipes of Design entbinden den Designer von der Sorge, ob die 72er Platte vielleicht mit der Zelle des LEGO-Porters insofern interagiert, indem sie Kraftwirkungen in diese einkoppelt, die umso heftiger ausfallen, je wirkungsvoller die 72 funktioniert. Die LEGO Recipes of Design entbinden ihn aber nicht von der Sorgfalt, oder? Meine Studierenden würden jetzt behaupten, dass meine Skrupel von einem uralten nicht überwundenen Beißreflex herrührt, der aus der Sozialisation in den Vorlesungen des Professors Beitz stammt, einer frühen Prägung, die es sich durchaus lohnt noch anzugehen. Er sei doch kein so alter Mann. Afgane, LSD oder Hypnose werden vorgeschlagen. Flugzeuge nach den LEGO Recipes of

72er Lift-Modi	
1	PLT 0005
2	PLT 0305
3	PLT 0505
4	NACA 0010
5	NACA 5410
6	NACA 4416
7	NACA8312
8	NACA12411

Design besitzen gegenüber denen mit integralen Systemarchitekturen Vorteile, die sich auch später im Gebrauch und der Nutzung, also dem Fliegen oder Warten darstellen. So hinterlassen sie (die LEGO Recipes of Design) modulare Systemeinheiten, die finit ausgetauscht oder gewartet werden können. Die Kosten beispielsweise einer Kalibrierung einer 72er Tragfläche auf acht verschieden Liftbeiwerte können wegen der finiten funktionalen und physikalischen Abgeschlossenheit des LEGO-Moduls durch Fremdvergabe enorm reduziert werden. Kleine ICH-AGs (nein besser kleine DU-AGs, ich hab da nämlich keinen Bock drauf) übernehmen auf ihren privaten Küchentischen die Wartungseinheiten und LEGO-Prime liefert das Ganze innerhalb von 48 Stunden zurück.

Nein so geraten die LEGO Recipes of Design (vielleicht zu Unrecht) in ein negatives Licht. Grundsätzlich bewirkt die Entkopplung physischer, funktionaler und organisatorischer Eigenschaften der Module und damit eine massiv differentiale Konstruktions- und Bauweise, dass sich die Gesamtkomplexität des Fluggeräts auf finit-komplexe Komponenten verteilt, die unabhängig voneinander entwickelt, also konzipiert, entworfen, konstruiert und gefertigt werden können. Das ist im Sinne der innerindustriellen Teamarbeit (Ford) und Arbeitsteiligkeit (Smith) und in einer interindustriellen komplizierten, realen bösen Welt (Kapital) vorteilhaft[49]. Die physikalisch-energetischen, stofflichen und informationellen Beziehungen zwischen den einzelnen LEGO-Steinen beschränken sich auf wenige, klar definierbare Schnittstellen und Wechselwir-kungs-Valenzen. Auf diese Weise gestaltet sich auch Austausch und Erweiterung von, bzw. um ein LEGO-Modul unkompliziert. Die LEGO Recipes of Design Wir sprechen also von einem klassischen Baukasten-Prinzip, generieren Systemvarianten und Produktfamilien. LEGO steht auch immer für Standardisierung. Die Einführung und Anwendung der LEGO Recipes of Design auf industrielle Organisationseinheiten des Entwurfs und der Konstruktion artifizieller, technischer Systeme führt zur Reduktion der dort herrschenden Komplexität und kann zur Erhöhung ihrer Flexibilität beitragen. Als letzte Konsequenz sind die LEGO Recipes of Design ein Einstig in die sogenannte „Verteilte Fabrik der Zukunft", gerne in Diskussionen und Vorträgen verbalisiert als Industrie 4.0, der umfassenden Digitalisierung der industriellen Produktion und dem gleichnamigen Projekt in der Hightech-Strategie der Bundesregierung Deutschland, durch die die industrielle Produktion mit moderner Informations-

---

[49] Es sei dem Autor zu entschuldigen, dass in diesem Jahr vornehmlich Marx als Bettlektüre auf dem Nachttischchen liegt. Karl Marx (* 5. Mai 1818 in Trier; † 14. März 1883 in London) war ein deutscher Philosoph, Ökonom, Gesellschaftstheoretiker, politischer Journalist, Protagonist der Arbeiterbewegung sowie Kritiker der bürgerlichen Gesellschaft und der Religion. Zusammen mit Friedrich Engels wurde er zum einflussreichsten Theoretiker des Sozialismus und Kommunismus.

und Kommunikationstechnik verzahnt werden soll. Durch Vernetzung soll es möglich werden, nicht mehr nur einen Produktionsschritt, sondern eine ganze Wertschöpfungskette zu optimieren. Das Netz soll zudem alle Phasen des Lebenszyklus des Produktes einschließen – von der Idee eines Produkts über die Entwicklung, Fertigung, Nutzung und Wartung bis hin zum Recycling[50].

Features der LEGO-Bausteine reichen von speziell bis belibig und warten förmlich darauf, entwickelt zu werden. Im Designbereich üblich sind Module wie Energieträger etwa Akkumulatoren, Kraftstofftanks oder Energiewandler wie Brennstoffzellen, Kraft- und Arbeitssysteme, Antriebseinheiten, komplette Power-Trains und physikalische Zuordnungen wie statisch-mechanische Eigenschaften, etwa Biegung, Zug, Druck, Torsion, und Dynamik bis hin zu modularer Fluid-Struktur-Interaktion. Nicht zu vergessen wollen wir die DUPLU-Features der LEGO Recipes of Design. In der DUPLO-Welt ist $\pi=3$ und $g=10$; ehrlich gesagt, wollte ich schon immer mal die Rahmenbedingungen für „Junk-Design" postulieren.... Um mich hier nicht vollständig im Delirium Lego zu verlieren, fasse ich mit Rücksicht auf den genervten Leser, zusammen.

Wenn sich die Notwendig- und Nützlichkeit einer vernünftigen Produktent-wicklungsmethode nur schwer vermitteln lässt, was sich allzu oft -wenn nicht als Generationen- so doch als Kommunikationsproblem darstellt, könnten die LEGO Recipes of Design eine subtile und böse Zungen sagen hinterhältige, Möglichkeit darstellen, wenigstens das Grobkonzept der Berliner Schule der systematischen Produktentwicklung[51] zu infiltrieren.
Mit der konsequenten Anwendung der LEGO Recipes of Design gelingt es, „den Anderen" technische Systeme, Artefakte und Strukturen transparent und verständlich darzustellen auf zwei Ebenen, bzw. Dimensionen: der Wirk- und Funktionsstruktur und der Baustruktur. Die LEGO Recipes of Design eignen sich in hervorragender Weise als Handlungsrahmen für das systematische Entwickeln technischer Produkte mit produktorientierten Methoden. Diese sind akzeptiert bei Designern und Architekten und im englischsprachigen Europa. Produktorientiertes Vorgehen ist durch einen Bewegung von außen, dort wo Anmut auftaucht und oftmals Eleganz in Erscheinung tritt, nach innen gekennzeichnet, während sich das kontinentale systemorientierte Voran-

---

[50] https://de.wikipedia.org/wiki/Industrie_4.0 Mit der Bezeichnung Industrie 4.0 soll das Ziel zum Ausdruck gebracht werden, eine vierte industrielle Revolution einzuleiten.Mit Hilfe der „Industrie 4.0 soll eine weitestgehend selbstorganisierte Produktion möglich werden: Menschen, Maschinen, Anlagen, Logistik und Produkte kommunizieren und kooperieren direkt miteinander.

[51] [30] Pahl. G.; Beitz, W.(1993): Konstruktionslehre, 3.Auflage. Berlin- Heidelberg- New York, London-Paris Tokio: Springer.

schreiten durch eine Bewegung von Innen, dem technische Detail, oftmals einer Optimallösung, nach Außen, der peripheren Erscheinung des Systems (manche mögen sagen der sekundären, nicht ganz so wichtigen Anmut) oder Maschine auszeichnet. Ganz wunderbar ist der methodische Ansatz produktorientierten Arbeitens des Briten Michael French, *Conceptual Design for Engineers*[52], der einen freundlichen Gegenpol zur Berliner Schule bildet. Natürlich sind nicht wenige Versuche unternommen worden, die Methoden Frenchs und Beitzs zu verheiraten, um am Ende zu konstatieren, dass erst die Beherrschung beider Konzepte zu einem „atmenden Prozess" zukunftsweisender Herangehensweisen führt. Ich möchte an dieser Stelle der Hoffnung Ausdruck geben, dass modulare Konzepte wie die LEGO Recipes of Design zu einem verbindenden Element produkt- und systemorientierter Konzepte taugt und nicht zu einer Separation in die eine oder andere Richtung führt. Verbindend könnte wirken, dass mit den LEGO Recipes of Design technische und organisatorische Komplexität im Designprozesses überwunden wird.

Am Ende des Tages leistet die Methode noch eine weitere einzigartige Funktion, deren Vorzüge erst in der industriellen Praxis auftrumpft immer dann, wenn ein Produktkonzept in der Vorstandsetage oder vor BWL-Marketingleuten vorgestellt werden soll: das LEGO-2-DUPLO Feature.

In den (doofen) Schulbüchern stand ja nichts über Flugzeuge, aber in der Biebricher Stadt-Bibliothek gab es zwar die Flug-Revue, was aus heutiger Sicht erwähnens- und bemerkenswert ist, aber keinen Kopierer. Er war, zumindest in Biebrich, schlicht und ergreifend noch nicht erfunden. Abgesehen davon, dass die Welt aus dem Fernseher schwarz/weiß war, war es vollkommen normal, technische Daten abzuschreiben und wichtige Dinge mit Bleistift auf Pergamentpapier durchzupausen. Selbige Pausen, konnte man zu Hause mit dem GEO-Dreieck (die Totalinnovation) ausmessen und durch Rückwärtsrechnen reichte eine einzige Einstellung auf dem Rechenschieber[53] (Logarithmentafeln waren Plicht, Rechenschieber hatten nur die reichen Kinder, oder die, deren Papa zwar früh gestorben und tot, aber zu Lebzeiten Elektrikermeister gewesen war; so wie bei mir) um alle Maße direkt abzulesen. Auf diese Art entstand ein

---

[52] French, M. (1999): Conceptual Design for Engineers. Berlin, Heidelberg, New York, London, Paris, Tokio: Springer.

[53] Ein Rechenschieber oder Rechenstab ist ein analoges Rechenhilfsmittel (auch Analogrechner genannt) zur mechanisch-grafischen Durchführung von Grundrechenarten, vorzugsweise der Multiplikation und Division. Je nach Ausführung können auch komplexere Rechenoperationen (unter anderem Wurzel, Quadrat, Logarithmus und trigonometrische Funktionen oder parametrisierte Umrechnungen) ausgeführt werden.
Das Prinzip eines Rechenschiebers besteht in der grafischen Addition oder Subtraktion von Strecken, die sich als logarithmische Skalen auf dem festen und dem beweglichen Teil des Rechenschiebers befinden.
https://de.wikipedia.org/wiki/Rechenschieber

eigenes Register von Flugzeugen, dessen Fortschritte ich stolz, gerne und ausführlich meinem Onkel Emil (einer der Mittäter vom Grünen-Sessel-Massaker) vorführte, der sich mit der Zeit aber ernsthaft Gedanken machte, wie ich später erfuhr und dafür sorgte, dass der Junge auch mal „raus, an die Luft" kommt. An Weihnachten bekam ich einen kleinen UHU.[54]

Skizzenbuch: Agrarflieger in Doppeldeckerkonfiguration. © Mi Dienst 2016.

Der UNIFAAG (Universal Flug-Arbeits-Aggregat) ist ein extrem wendiges Elektroflugzeug in Mehrdeckerkonfiguration, das besonders geeignet ist in den unteren Luftschichten zu operieren. Zu den Eisatzgebieten gehören Schlepp-flüge (nach §9 LuftVO[55]), Manöver in der der Prandtl-Schicht (unterhalb 60 m) und bodennahe Überlandflüge.

---

[54] Der kleine UHU von Graupner war für Generationen von Modellfliegern das erste Modell, mit dem sie Bau- und Flugerfahrungen machten. Eigentlich ist "Der kleine Uhu" kein Flugmodell, sondern ein Titel, der einem bestimmten Freiflugmodell für eine gewisse Zeit verliehen wird. In dieser Zeit ist es das Modell einer eigenen Nachwuchs-Wettbewerbsklasse im DAeC (Freiflug, Hochstart mit 25m Leine). Das "UHU" im Namen bezieht sich tatsächlich auf die Klebstoffmarke, mit der Graupner mit dem kleinen UHU eine Kooperation begann. http://wiki.rc-network.de/index.php/Der_kleine_UHU_von_Graupner und https://www.flugmodellbau-kirch.de/Der-kleine-UHU.htm

[55] Luftverkehrs-Ordnung (LuftVO), neugefasst durch B. v. 27.03.1999 BGBl. I S. 580; aufgehoben durch Artikel 8 V. v. 29.10.2015 BGBl. I S. 1894, Geltung ab 01.10.1969; FNA: 96-1-2 Luftverkehr.

Der UNIFAAG ist motorisiert mit einem Imens Elektromotor SP260D (Leistungs-gewicht von 5 Kilowatt pro Kilogramm) formal über-motorisiert. Die Maschine kann kurzzeitig 250 KW bereitstellen, in ihrem Effizienzoptimum gibt sie 100 kW Dauerleistung ab. Der UNIFAAG besitzt einem Bord-Akku der slowenischen Firma Pipistruppi. Für Schleppflüge von Lastenseglern wird der UNIFAAG vom Schleppgut aus mit einer Parasit-Elektrotrosse versorgt. Der Propeller stammt von der Bayerischen Firma EmmTee Propeller. Das Antriebssystem wurde leider nicht vom Bundesministerium für Wirtschaft und Energie im Rahmen des Deutschen Luftfahrtforschungsprogramms gefördert. Hauptabnehmer des UNIFAAG ist die Bundeswehr[56].

Betrachten wir ein letztes Detail. In zahllosen Vorträgen behauptete ich, dass an einem Flugsystem, oder sagen wir vielleicht besser „beim dynamischen Querkrafterzeugen" der so genannte induzierte Widerstand einen erheblichen Anteil des Gesamtwiderstands ausmacht. Ein Widerstand der jener, zum Fliegen aufgebrachten Energie entkoppelt. Diese Behauptung ist sowohl richtig, als auch außerordentlich bedauerlich, denn insbesondere bei artifiziellen Tragflügelsystemen erleben wir (Theoretiker) draußen in der bösen Welt, in der realen Konstruktionswelt, keine besonders regen Anstrengungen, daran etwas grundsätzlich ändern zu wollen oder zu können. Diese, meine Kritik ist natürlich ungerechtfertigt. Die Formgebung der Tragflügelspitze, des Randbogens der Tragfläche war und ist Gegenstand intensiver Forschungsbemühungen. Seit mindestens einhundert Jahren. Die Formgebung der Tragflügelspitze hat entscheidenden Einfluss auf den induzierten Widerstand des Gesamt (Auftriebs-) -Systems und der induzierte Widerstand steigt quadratisch mit dem Auftriebsbeiwert. Für einen Flugzeugbauer soll ein idealer Tragflügel eine über den gesamten Tragflügel konstante Größe annehmen. Das Optimum entspricht einer elliptischen Auftriebsverteilung über die Spannweite. Wegen des Geschwindigkeitsprofils über die Tragfläche (Re-Zahl-Änderung mit der Flügeltiefe) ist der dazugehörige optimale Flügelgrundriss annähernd eine Ellipse. Dies lässt sich mathematisch aus der Prandtl'schen Traglinientheorie herleiten. In dieser Theorie wird die Strömung um den Tragflügel als Potentialströmung modelliert, und es werden noch einige Annahmen getroffen, die eine analytische Lösung des Problems ermöglichen. Sobald der Flügel einen anderen Grundriss aufweist, beispielsweise einen rechteckigen oder spitzigen, erhöht sich der induzierte Widerstand. Der so genannte

---

[56] Alle Angaben sind frei erfunden, phonetische Ähnlichkeit reiner Zufall.

Oswaldfaktor (Formeffizienzfaktor) ist somit immer kleiner als eins. Je höher der Oswaldfaktor, desto günstiger ist die Geometrie des Flügels. Im Idealfall der Ellipse ist der Oswaldfaktor gleich eins. Üblicherweise liegt er im Bereich von 0,6 bis 0,9. Zur Optimierung der Auftriebsverteilung verwendet man konstruktive Varianten wie z. B. Schränkung, Zuspitzung, reduzierte Wölbung oder Winglets.[57]

> Die Supermarine Spitfire[58] war ein Jagdflugzeug aus britischer Produktion. Der Tiefdecker wurde vor allem während des Zweiten Weltkrieges von der Royal Air Force und vielen alliierten Luftstreitkräften an allen Fronten eingesetzt. Die gute Wendigkeit der bei Supermarine Aviation Works (Vickers), Ltd. ursprünglich unter dem Chefkonstrukteur Reginald J. Mitchell und seinen Nachfolgern entwickelten Spitfire machte sie bei den Piloten sehr beliebt. Inspiriert von der Heinkel He 70[59], einem deutschen Schnellverkehrsflugzeug, dessen aerodynamische Auslegung und Bauausführung selbst den Schneider-Trophy-Rennflugzeugen überlegen war, entschied Mitchell sich für eine elliptische Tragflächenform. Ein Exemplar der Heinkel He 70 war 1936 vom Unternehmen Rolls-Royce für die Flugerprobung des Rolls-Royce-Merlin-Motors, der später auch die Spitfire antreiben sollte, gekauft worden, weil es kein für diesen Zweck geeignetes britisches Hochleistungsflugzeug gab.
> Die elliptischen Tragflächen ergaben eine von außen nach innen gleichmäßig ansteigende Auftriebsentwicklung im Flug, die zwei Vorteile bot: eine hohe Verwindungssteifheit unter Belastung und einen besonders niedrigen induzierten Widerstand.
>
> The Beauty of Weapon

Tragflächenform und Randbogen werden also in der realen Welt der Flugzeugkonstrukteure mit dem mehr oder weniger des induzierten Widerstands des Tragflügels korreliert. Es grenzt also an Blasphemie an dieser

---

[57]Sobald der Flügel einen anderen Grundriss aufweist, beispielsweise einen rechteckigen oder spitzigen, erhöht sich der induzierte Widerstand. Der Oswaldfaktor kann als Formeffizienzfaktor betrachtet werden und ist somit immer kleiner als eins. https://de.wikipedia.org/wiki/Induzierter_Luftwiderstand

[58] Nach: https://de.wikipedia.org/wiki/Supermarine_Spitfire

[59] Die Heinkel He 70 Blitz war ein einmotoriges deutsches Schnellverkehrsflugzeug, das von Siegfried Günter konstruiert und ab 1932 von den Ernst Heinkel Flugzeugwerken in Rostock im Auftrag der Lufthansa gebaut wurde. Der Tiefdecker war zeitweise die schnellste Verkehrsmaschine der Welt (Spitzengeschwindigkeit 362 km/h). Ihr erster Flug fand am 1. Dezember 1932 statt, nur fünf Monate nach dem Entwurf. https://de.wikipedia.org/wiki/Heinkel_He_70

stelle und zum guten Schluss dieses Aufsatzes einen extrem Wirbelgenerierendcen Randbogen zu fordern. Die im Anhang dargelegte technische Beschreibung behandelt eine so genannte „Wirbelquellenkontur" und ist eigentlich nur im Zusammenhang mit dem vorangegangenen Text zu vertreten und zu verstehen. Sie betrifft eine Randbogenkontur für den fluidmechanisch wirksamen, Querkraft erzeugenden Tragflügel. Der Erfindung liegt die Idee einer Wirbelquelle mit einer geometrischen Kontur zu Grunde, die durch eine Rampenfunktion beschrieben wird und durch zwei Parameter eindeutig definiert ist. Die räumlich gestaltete Randbogenkontur der Wirbelquelle ermöglicht eine kontrollierte Form und Kondition des querkraftbedingten Randwirbels.

Vielleicht ist das die Kernaussage des Textes: Aus Schlecht wird Gutgemeint, aus Gut wird Böse. Haben wir uns in der Vergangenheit darum bemüht, den Randwirbel eines Auftrieb erzeugenden Systems möglichst zu minimieren, ihn zu kontrollieren, beschränken wir uns in Zukunft vielleicht auf Letzteres. In besonderen Konstruktionen und „Gestaltungs-Fällen" kann eine Randwirbel die Lösung darstellen und nicht das Problem. Wir müssen das nur zu nutzen wissen.
Für die Ausentwicklung von Flugsystemen in Dreideckerkonfiguration deren Wechselwirkungsgeschehen Wirbelspulenphänomene nutzt, werden wir Zeit brauchen. Und ich werde diese Zeit nicht irgendwo, sondern im Elfenbeinturm verbringen. Wollen und sogar müssen.

Andere werden nichts unversucht lassen, das Gutgemeinte zu beugen, dem Joch des Krieges auszuliefern. Weil Gutes oft schön ist, werden wir am Ende von seiner Eleganz entzückt sein.

The Beauty of Weapon. Mi. Felgenhauer, September 2018

Weiterführende Literatur und Bibliographie

[Abbo-59]   Ira H. Abbott, Albert E. von Doenhoff; (1959) Theory of Wing Sections: Including a Summary of Airfoil Data. Dover Publications, New York

[Betz-12]   Betz, A. ; (1912), Ein Beitrag zur Erklärung des Segelfluges. Zeitschrift für Flugtechnik u. Motorluftschifffahrt 3 (1912)

[Bos-27]   Bose, N., K., Prandtl, L. (1927). Beiträge zur Aerodynamik des Doppeldeckers. In: ZAMM, Bd. 7, 1927, Heft 1, S. 1 -9.

[Die14-4]   Dienst, Mi.(2014) Vortex coil effect-use rig for sailing surfboards. In: Trans-actions in Bionic Patents, Vol.: 08. GRIN-Verlag GmbH München, ISBN (e-Book): 978-3-656-70477-5

[Die13-8]   Dienst, Mi.(2013). Beitrag zur Phänomenologie der fluidmechanischen Wirbelspirale. GRIN-Verlag GmbH München, ISBN (Buch): 978-3-656-55394-6.

[Die 18-27]   Dienst, Mi. (2018) Ein den fluidmechanischen Wirbelspuleneffekt nutzendes Flugaggregat. Transactions in Suffering Innovations T26 SI770, GRIN-Verlag GmbH München, ISBN(e-Book): 9783668725270, ISBN(Buch) : 9783668725287

[Die 18-21]   Dienst, Mi. (2018) Zur stationären strömungsmechanischen Wirbelspule, Fluidmechanische Phänomenologie der Dreideckerkonfiguration, GRIN-Verlag GmbH München, ISBN(e-Book): 9783668705128, ISBN(Buch): 9783668705135

[Hau-03]   Hau, E. (2003): Bauformen von Windkraftanlagen. In: Windkraftanlagen, Springer Berlin, Heidelberg, S. 65-78. ISBN: 978-3-662-10949-6.

[Hans-07]   Hansen, H., Richards, P.J. and Jackson, P.S., Enhanced Wind Tunnel and Full-Scale Sail Force Comparison, The 18th Chesapeake Sailing Yacht Symposium, Annapolis.

[Hepp-94]   M. Hepperle, C.-C. Rossow: "Euler Analysis of the P1V15 Nacelle installed on the ALVAST Transport Configuration", LARA Technical Report LTR 17, 1994.

[Katz-01]   Katz, J. Plotkin, A. (2001) Low-Speed Aerodynamics (Cambridge Aerospace Series) Cambridge University Press; 2 edition

[Knol-09]   Knoller, Richard; (1909), Die Gesetze des Luftwiderstandes. Flug- und Motortechnik (Wien) 3 (1909), Nr. 21, S. 1-7,

[Knol-13]   Knoller, Richard(1913), Zur Theorie des Segelfluges. Zeitschrift für Flugtechnik u. Motorluftschifffahrt 4 (1913), S. 13-14.

[Mial-05]   B. Mialon, M. Hepperle: "Flying Wing Aerodynamics Studies at ONERA and DLR", CEAS/KATnet Conference on Key Aerodynamic Technologies, 20.-22. Juni 2005, Bremen.

[Mart-65]   Martynov, A. K.,(1965)   Practical Aerodynamics, Pergamon Press.

[Nach-02]   Werner Nachtigall (2002) Bionik. Grundlagen und Beispiele für Ingenieure und Naturwissenschaftler. Springer Berlin Heidelberg New York ISBN 3-540-43660

[Ober-25]   Ober, Shatswall (1925), Note on the Katzmaxr Effect on Airfoil drag. Technical notes No. 214 (02.1925), National Advisory Committee for Aeronautics (NACA) Massachusetts Institute of Technology.

[Pra-19]   Prandtl, L. (1919) Merhdeckertheorie. In: Nachrichten der k. Ges. d. Wisssenschaften zu Göttingen. 1919, S. 107-137.

[Rech-90]   Rechenberg, I. (1990): BERWIAN: Entwicklung, Bau und Betrieb einer neuartigen Windkraftanlage mit Wirbelschrauben-Konzentrator ; Phase 2 ; Abschlussbericht; Contract BMFT-FV 032 8412B. FG Bionik und Evolutionstechnik, Technische Universität Berlin.

[Rech-73]   Rechenberg,-I.: Evolutionsstrategie. Stuttgart-Bad Cannstatt: Friedrich Frommann Verlag 1973.

[Rech-85]   DE3330899 (A1) 1985-03-14. Arrangement for increasing the speed of a gas or liquid flow.

[Schl-67]   Schlichting, H., Truckenbrot, E. (1967) Aerodynamik des Flugzeuges, Band 1, Springer Verlag

[Schl-00]   Schlichting, H. (2000) Boundary-Layer Theory, Springer ISBN 3540662707

[Schm-65]   Schmidt, Wilhelm (1965), Der Wellpropeller, ein neuer Antrieb für Wasser-, Land- und Luftfahrzeuge, Zeitschrift für Flugwissenschaft 13(1965)2 S472 ff.

[Tous-24]   Toussaint, Kerneis, Girault, (1924), Experimental Investigation of the Effect of an oscillating Airstream (Katzmayr Effect) on the Characteristics of Airfoils. Technical notes No. 202 (02.1925), National Advisory Committee for   Aeronautics   (NACA) Massachusetts Institute of Technology

[W-1]   http://de.wikipedia.org/wiki/Richard_Knoller (abgerufen 26022013)

[W-2]   http://www.ae.illinois.edu/m-selig/ads/coord_database.html (abgerufen 27022013)

[W-3]   http://www.mh-aerotools.de/airfoils/javafoil.htm
             (abgerufen 102012)
[W-4]   http://www.mh-aerotools.de/airfoils/index.htm
             (abgerufen 102012)
[W-5]   http://www.mech.auckland.ac.nz/uoa/twisted-flow-wind-tunnel
[W-6]   http://homepages.engineering.auckland.ac.nz/
             ~dpel004/yru/html/Windtunnel/index.html

Anhang 1 Biografie Hans Grade

Grade, Hans
geb. 17.05.1879 Köslin/Pommern,
gest. 22.10.1946 Borkheide/Mark,
Ingenieur, Flugpionier.

Hans Grade war Mitinhaber und Geschäftsführer der 1905 in der Magdeburger Steinkuhlenstraße gegründeten Grade-Motorenwerke GmbH. Als Einjährigenfreiwilliger leistete er bei den Magdeburger Pionieren Ende 1907 seinen Militärdienst. In dieser Zeit begann er mit dem Bau des Flugmotors und der Konstruktion des Flugapparates. Die Ausschreibung des Lanz-Preises der Lüfte im April 1908 intensivierte seine Bemühungen. Am 2. November 1908 gelang ihm auf dem Kleinen Cracauer Anger der erste deutsche Motorflug.

Der Magdeburger Ingenieur und Fluglehrer Rolf Wille, der noch mit über 80 Jahren aktiv flog, baute 1997 den Dreidecker in Originalgröße nach.
Baujahr des Originals: 1908
Spannweite: 8 m
Startgewicht: 150 kg
Motor: Zweitakt-Sechszylinder-V-Motor, 36 PS, luftgekühlt (Grade-Eigenbau bis auf Batterie, Zündkerzen und Zündspulen)
Motorgewicht: 54 kg (vergleichbare Automotore zwischen 30 und 50 PS wogen damals zwischen 70 und 170 kg).

G. wurde als Sohn eines Lehrers geboren. Bereits als Schüler galt seine Neigung der Technik. Sein besonderes Interesse für das Fliegen weckten die Flugversuche und die Schriften Otto Lilienthals, die er als Fünfzehnjähriger las. Er war auch handwerklich geschickt und baute als Gymnasiast Flugmodelle und, angeregt durch den Besuch einer Gewerbeausstellung, sogar ein Motorrad. Folgerichtig nahm er nach dem Abitur und einer Volontärstätigkeit in einer Maschinenfabrik im Jahr 1900 ein Ingenieurstudium an der Technischen Hochschule Berlin-Charlottenburg auf. Frühzeitig fesselte ihn die Idee des Motor- fluges. Bereits während des Studiums entwarf er kleinere Motoren für den Einbau in Flugzeuge. 1903 übernahm G. in Köslin eine Motorenwerkstatt, die er aber 1905 wieder verließ, um im gleichen Jahr in Magdeburg die Grade-Motoren-Werke GmbH zu gründen. Hier stellte er nicht nur Zweitakt-Motoren für verschiedene Zwecke her, sondern baute auch von ihm entwickelte Kleinmotorräder in Serie. 1907 leistete G. seinen Militärdienst als Einjährig-Freiwilliger in einem Magdeburger Pionierbataillon ab. In dieser Zeit konstruierte und baute er sein erstes Flugzeug, einen Dreidecker von acht Meter Flügelspannweite, ausgerüstet mit einem 36-PS-Sechszylinder-Zweitaktmotor. Bald konnten die ersten Flugversuche auf dem Cracauer Anger bei Magdeburg aufgenommen werden. Am 28. Oktober 1908 schlug die Geburtsstunde des Motorflugs in Deutschland An diesem Tag gelang G. der erste richtige Flug, bei dem er acht Meter Höhe und etwa 100 Meter Weite erreichte, allerdings mit einer Bruchlandung endete. Insgesamt konnte G. auf dem Cracauer Anger mit seinem Dreidecker etwa 70 Flüge ausführen, die aber nicht alle zu seiner vollen Zufriedenheit ausfielen. Die negativen Erfahrungen mit dem Dreidecker veranlaßten G., einen Eindecker zu entwerfen und zu bauen, dessen Flügelspannweite etwas über zehn Meter betrug und der mit einem 24 PS-Vierzylinder-Zweitaktmoter ausgerüstet war. 1909 verließ G. Magdeburg und zog mit seinem Eindecker "Libelle" und dem gesamten Flugbetrieb nach Bork (jetzt Borkheide), wo er einen neuen Flugplatz einrichtete. Nach erfolgreichen Flugversuchen bewarb sich G. um den vom Mannheimer Industriellen Karl Lanz gestifteten, mit 40.000 Mark dotierten "Lanz-Preis der Lüfte". Am 30. Oktober 1909 fand auf dem Flugplatz von Johannisthal der Prüfungsflug statt. G. gewann den Preis und war nun ein weithin bekannter Flieger, dessen Schauflüge in verschiedenen deutschen Städten viele Zuschauer anlockten. In Bork errichtete G. 1910 eine Flugzeugfabrik und eröffnete im gleichen Jahr eine der ersten Fliegerschulen in Deutschland. Beide Gründungen entwickelten sich erfolgreich. Bis 1914 konnten über 80 Flugzeuge in 13 verschiedenen Ausführungsarten gebaut und verkauft werden. Im ersten Jahr besuchten 20 Flugschüler die Fliegerschule.

Wie viele es insgesamt in der Zeit ihres Bestehens gewesen sind, ist nicht genau bekannt, genannt wird die Zahl 130. Mit Beginn des I. Weltkrieges wurde der Flugzeugbau in Bork eingestellt und die Fliegerschule geschlossen. Der Versailler Friedensvertrag verbot Deutschland den Flugzeugbau und jegliche fliegerische Betätigung. 1919 begann G. mit der Entwicklung eines Kleinautos und gründete schließlich in Bork die Grade-Automobilwerke. Sein solide gebautes einfaches Kleinauto hatte einen luftgekühlten Einzylinder-Zweitaktmotor. Bis 1924 wurden 1.000 Autos produziert, aber wegen finanzieller Schwierigkeiten mußte G. 1925 den Automobilbau aufgeben. G. hat im Fahrzeug- und im Motorenbau aber auch auf anderen technischen Gebieten Bemerkenswertes geleistet und war Inhaber zahlreicher Patente. Bleibendes Verdienst erwarb er sich als Flugpionier um die Entwicklung des Motorflugs in Deutschland[60].

---

[60] Nach: http://www.uni-magdeburg.de/mbl/Biografien/1228.htm

Anhang 2 Wirbelspulentheorie (Auszüge)

Zur stationären strömungsmechanischen Wirbelspule

Fluidmechanische Phänomenologie der Dreideckerkonfiguration

Mi. Dienst, Berlin im Mai 2018

Tragflügelsysteme in Dreideckerkonfiguration stehen derzeit nicht oben in den Forschungsagenden der Namhaften und es bleiben im Laborbetrieb relativ einfachfach darstellbare, auf der Wechselwirkung von Wirbeln basierende Strömungsphänomene, unbeachtet. Dennoch sind sie eine Option im Flugwesen und in der maritimen Zukunftstechnik. Aus meiner Sicht. Sobald man nur genauer hinschaut, sind Dreideckertragflächen ein wunderbares Beispiel anwendungsbezogener Bionik. Der nachfolgend dargelegten „Wirbelspulen- Phänomenologie" möchte ich einen generalen Satz zu umströmten Mehrdeckertragflächen voranstellen:

Tragflächen in Mehrdeckerkonfiguration können fluidmechanisch miteinander wechselwirken derart, dass die durch das Auftriebsgebaren der Einzeltragflächen erzeugten und stromabwärts abfließenden Randwirbel ein mantelförmiges Wirbelspulensystem generieren, das in seinem Kern einen beschleunigten Fluidmassenstrom, eine beschleunigte Strömung, induziert.

Nach Erörterungen zur Tragflügeltheorie, die auch Hinweise zu Mehrdeckerkonfigurationen enthalten, werden einige Überlegungen ausgeführt, die den oben angeführten Gedanken stützen. Die Phänomenologie der fluidmechanischen Wirbelspule ist Teilgebiet einer verallgemeinerten Feldtheorie. Die nachfolgenden Ausführungen können experimentelle und numerischanalytische Untersuchungen zu fluidmechanische Wirbelspulen an Dreideckerkonfigurationen kontextuell ergänzen.

Prandtl. Nach der Tragflügeltheorie erster Ordnung behandelt Prandtl[61] in [Pra-19] zunächst die Aufgabe Geschwindigkeitskomponenten an einem Aufpunkt einer Strömung zu ermitteln, die von der Strömungsenergie einer „tragenden Linie" mit gegebener Auftriebsverteilung herrührt. Mittels der „Theorie der tragenden Linie" lassen sich Gleichungen für den Widerstand einer Tragflügelkonfiguration aus drei Flügeln (Flügel 1, Flügel 2 und Flügel 3) finden, der dadurch entsteht, dass ein Flügel 1 unter dem Einfluss der Störung steht, die weiteren in derselben Beaufschlagungsebene befindlichen Tragflügel (Flügel2 und Tragflügel3) ausgeht. Prandtls theoretische Überlegungen sowie Berechnungen seines Mitarbeiters Munk[62] - sie waren auf ein Doppeldecker-tragflügelsystem bezogen - zeigten, dass für vollständig symmetrisch gebaute Tragflügel (-elemente) der Widerstand, der am Flügel 2 und Flügel 3 durch die Gegenwart des Flügels 1 entsteht von derselben Größe sein muss.

Im Zuge der Untersuchungen zu Mehrdeckerkonfigurationen stellte sich heraus, dass es offenbar nicht darauf ankommt, dass die „zusammengefassten" tragenden Elemente (der generalisierte Auftriebsvektor einer Tragflächen-konfiguration) jeweils zu einem einzigen Tragflügel gehören. Dies wird am Doppeldeckertragflügel gezeigt. Greift man aus einem tragenden System in der Querebene (der wirkebene des generalisierten Auftriebsvektors) beliebige Gruppen heraus, so ist derjenige Widerstandsanteil, den die Gruppe 1 durch das Geschwindigkeitsfeld der Gruppe 2 erfährt ebenso groß, wie derjenige von Gruppe 2 im Feld von Gruppe 1 [Pra-19]. Nach Ansicht Prandtls führt dies dazu, dass der Beitrag zum gegenseitigen Widerstand zweier untereinander befindlicher Tragflügel positiv ist, der von zwei nebeneinander befindlichen Tragflügeln dagegen negativ! Durch erste Anordnung wird also der Gesamtwiderstand gegenüber dem Zustand weit voneinander entfernter Flügel vermehrt, durch letztere vermindert. Zur Untersuchung des allgemeinen Falls (zweier benachbarter Tragflächen) wurde von Prandtl das Feld berechnet, das ein tragendes Element mitsamt dem (im Nachlauf der Tragfläche) abgehenden Wirbelpaar in irgendeinem Raumpunkt hervorbringt. Er zeigt, dass die Wider-standsanteile der beiden Flügel nur dann gleich sind, wenn beide Elemente (Tragflächen der Tragflügelkonfiguration) in derselben Querebene liegen. Seine theoretischen Überlegungen zeigen auch, dass die Summe der Widerstände gleich bleibt, wenn die beiden tragenden Gruppen (Flügel 1 und Flügel2) in Fahrtrichtung gegeneinander verschoben werden, also ihre Staffelung geändert

---

[61] Ludwig Prandtl (* 4. 2. 1875 in Freising; † 15. 8. 1953 in Göttingen) war Physiker und lieferte bedeutende Beiträge zum grundlegenden Verständnis der Strömungsmechanik Prandtl entwickelte die Grenzschichttheorie.
[62] Max Michael Munk (* 22. 10. 1890 in Hamburg[1]; † 1986) war ein deutsch-amerikanischer Aeronautiker.

wird. Munk konnte dieses Phänomen in seiner Göttinger Dissertation beweisen. Für unsere nachfolgenden Überlegungen vor dem Hintergrund der Wirbelspulenphänomenologie des Doppeldeckers ist die von Prandtl extrahierte Ursache der Unabhängigkeit des Gesamtwiderstands von der Staffelung der Tragflächen bedeutend, wonach die Widerstandsarbeit gleich der in der Wirbelbewegung hinter dem Tragwerk zurückgelassenen kinetischen Energie ist; es kommt also nur auf dieses Wirbelsystem selbst an, nicht auf die genauen Umstände, unter denen es erzeugt wird.

Phänomenologie der fluidmechanischen Wirbelspule. Nach der Tragflügeltheorie hängt die Auftriebskraft einer umströmten Tragfläche alleine von der Zirkulation ab [Schl-67]. Überlagern sich an einem Strömungskörper (bei einer zweidimensionalen Modellvorstellung in der Profilebene des Strömungskörpers) ein translatorisches und rotatorisches Strömungsfeld, kommt es infolge der Zirkulation um diesen Körper zu Verzögerung der Strömung auf der einen und zu einer Beschleunigung der Strömung auf der anderen Seite. Nach der Bernoullischen Beziehung führt die Beschleunigung zu einer Druckminderung, die Verzögerung zu einer Druckerhöhung. Im Falle eines Tragflügels wird dies als Auftriebskraft spürbar. Für einen angeströmten, endlichen Tragflügel ist die Auftriebskraft elliptisch über den Auftrieb erzeugenden Körper verteilt. Infolge des Druckgradienten kommt es am materiellen Ende der Tragfläche zu einer Umströmung der Tragflächenkante. Im Nachlauf der Kantenumströmung bildet sich nun ein kompakter Wirbel aus, der in der Literatur als „**durch den Druckgradienten induzierter Randwirbel**" beschrieben wird. Der induzierte Randwirbel bindet einen erheblichen Anteil der zur Erzeugung der Auftriebskräfte des Systems aufgebrachten Energie. Der Wirbelfaden im Nachlauf einer Auftrieb erzeugenden Tragfläche ist sehr stabil. Windkanaluntersuchungen und numerische Strömungssimulationsrechnungen können das Umströmungsgebaren an den Enden Auftrieb erzeugender Strömungskörper erklären und visualisieren. Dabei zeigt sich, dass jeder durch das Auftriebsgebaren einer Tragflügelfläche induzierter Wirbelzopf hinsichtlich seiner Geschwindigkeitsverteilung in seinem Querschnitt kompakt ist und ein graduelles rotatorisches Fernfeld ausbildet. Bei einem Doppeldecker existieren zwei kompakte Wirbelzöpfe (bei einem Dreidecker drei Wirbelzöpfe usw.) (1) gleicher Drehrichtung und (2) ähnlicher oder in einem günstigen Fall, gleicher Intensität. Aufgrund der Fernfeldbeziehungen beginnen die Wirbelzöpfe im Nachlauf ihrer Entstehungsorte um ein gemeinsames Zentrum zu rotieren. Ein schraubenartiges Wirbelspulengebilde entsteht. Während die Wirbelzöpfe auf dem Mantel der Wirbelspule stromabwärts um eine gemeinsame zentrale

Achse rotieren bildet sich innerhalb der Wirbelspule entlang des zentralen Stromfadens eine beschleunigte Strömung aus, die nach außen durch den Wirbelmantel begrenzt und geführt wird. Dieses als „Wirbelspuleneffekt" bezeichnete Phänomen wurde in den 70er und 80er Jahren des vergangenen Jahrhunderts durch messtechnische Untersuchungen belegt (Ingo Rechenberg, Technische Universität Berlin) und eine erste Theorie der Wirbelspule entwickelt. Die Strömung innerhalb der Wirbelspule ist intensiv; die Geschwindigkeiten können gegenüber der den Wirbelspuleneffekt hervorrufenden Flügelumströmung mehr als den dreifachen Wert der anfachenden Strömungsgeschwindigkeit annehmen. Windkanalmessungen zeigen, dass eine zu einer den Auftrieb generierende Tragflächen der kumulierten Tragflügeltiefe t erzeugte Wirbelspule stromabwärts weithin stabil existiert und über die gesamte Distanz einen intensiven „Strömungsjet" produziert. Das Geschwindigkeitsniveau der Innenströmung kann derart ansteigen, dass aufgrund der Druckabnahme im Jet (Bernoulli-Gleichung, Kontinuität) die umhüllende Mantelströmung implodieren kann und die den Effekt tragende Wirbelspule ihre schraubenförmige Struktur verliert.

Der Effekt wurde in den 80er Jahren für fünf- sieben und neungängige Wirbelspulen ausführlich untersucht und in zahlreich wissenschaftlichen Arbeiten dokumentiert. Aus irgendeinem Grund funktionierten ungradzahlige Tragflügelkonfigurationen besser, erst bei n>10 spielte dieser merkwürdige Umstand eine geringere Rolle. Interessanterweise war man um die naheliegenden zwei- und dreigängigen Wirbelspulen nicht sonderlich bemüht, was aus heutiger Sicht damit erklärt werden kann, dass sich die Erforschung der Wirbelspuleneffekte sich anwendungsbezogen an der Entwicklung von Windkraftanlagen nach dem WSP-Prinzip und deren Leistungsoptimierung orientierte.

Geschwindigkeit und Strömungsfeld. Die zu einem Wirbelfaden gehörige Strömung ist, bis auf den Wirbelfaden selbst wirbelfrei. Ist der Wirbelfaden gerade, sprechen wir von einem Potentialwirbel. Eine Strömung kann durch ihr Geschwindigkeitsfeld beschrieben werden und eine Wirbelströmung durch ihr Wirbelfeld. Geschwindigkeitsfeld und Wirbelfeld hängen physikalisch zusammen. Bei der Betrachtung von Geschwindigkeitsfeld und Wirbelfeld taucht das aus der allgemeinen Feldtheorie stammende und in der Elektrodynamik geläufige Gesetz von **Biot und Savart** auf. Ist das Geschwindigkeitsfeld bekannt, kann mit den Beziehungen von Biot und Savart das Wirbelfeld berechnet werden. Die Differentiation des Geschwindigkeitsfeldes (Bildung der Rotation) ist das Wirbelfeld. Gleichsam kann man das Geschwindigkeitsfeld aus dem Wirbelfeld berechnen. Die Integration des Wirbelfeldes ist das Geschwindigkeitsfeld. Die Integration des (fluidmechanischen) Wirbelfeldes entspricht der Anwendung des Gesetzes von Biot und Savart auf eine fluidische Strömung.

Mit der Zirkulation Γ bezeichnet man die Stärke eines (beispielsweise um eine Tragfläche kreisenden) Wirbels, bzw. den Beitrag des Ringintegrals der Zirkulationsgeschwindigkeit v_Γ über die Weglänge s_Γ. Bei einem starren Wirbel herrscht eine konstante Winkelgeschwindigkeit ω_W und an einem beliebigen Abstand r die Tangentialgeschwindigkeit v_{TW}.

<u>Aus der Integration des Linienintegrals folgt:</u>

Zirkulation	$\Gamma = v_\Gamma \cdot s_\Gamma$		$[m^2 s^{-1}]$
Zirkulationsgeschwindigkeit	v_Γ		$[ms^{-1}]$
Weglänge	s_Γ		$[m]$
Winkelgeschwindigkeit	ω_W		$[s^{-1}]$
Tangentialgeschwindigkeit	$v_{TW} = r \cdot \omega$		$[ms^{-1}]$
Dichte	ρ		$[kg\ m^{-3}]$
Geschwindigkeit (Fernfeld)	v		$[m\ s^{-1}]$
Infinitisimaler Winkel	$d\beta$		$[°, rad]$
Mit Ringintegral (über Kreis)	$\int I\,ds = 2\,\pi\,r$		$[m]$
Tangentialgeschwindigkeit	$v_T = r\,\omega$		$[ms^{-1}]$

Man unterscheidet weiterhin **Potentialwirbel**, sie besitzen einen Geschwindigkeitsgradient im ferneren Feld und **Rankine-Wirbel**, die ein Modell für die Superposition von **starrem Wirbel und Potentialwirbel** sind. Mit der Zirkulation und dem Ringintegral der Zirkulationsgeschwindigkeit über die Weglänge s, kann die Auftriebskraft F_A eines Flügels mit der Spannweite b angegeben werden. Es entsteht eine handliche Formulierung der Zirkulation um einen Tragflügel. Nach Kutta-Joukowski[63] folgt:

Auftrieb (Lift)	$F_A = \Gamma \cdot \rho \cdot v \cdot b$	$[N]$ aus $[m^2\,s^{-1}\,kg\,m^{-3}\,m\,s^{-1}\,m]$, $[kg\,m\,s^{-2}]$
es gilt:	$F_A = c_L \cdot A\,½ \cdot \rho \cdot v^2$	$[N]$ aus $[m^2\,kg\,m^{-3}\,m^2\,s^{-2}\,m]$, $[kg\,m\,s^{-2}]$
und:	$\Gamma \cdot \rho \cdot v \cdot b = c_L \cdot A\,½ \cdot \rho \cdot v^2$	$[N]$ aus dto.

Damit ist die Zirkulation um einen Tragflügel gegeben:

---

[63] Der Satz von Kutta-Joukowski beschreibt die <u>Proportionalität</u> des <u>dynamischen Auftriebs</u> zur <u>Zirkulation</u>.

$$\Gamma = \rho \cdot v \cdot b = c_L \cdot A \, \tfrac{1}{2} \cdot \rho \cdot v^2 \, / \, \rho \cdot v \cdot b = c_L \cdot A \, v \, / \, 2 \cdot b \; [m^2 \, s^{-1}]$$

Auf einer Kreisbahn und mit der Winkelgeschwindigkeit ω [s^{-1}] ist die Zirkulation:

$$\Gamma \quad = \omega \, 2 \, \pi \, r^2 \qquad [m^2 \, s^{-1}]$$

Zur Untersuchung ebener und wirbelfreier Strömungen, klären wir die kinematische Bedeutung der Begriffe Wirbelstärke und Zirkulation. Die Rotation der Geschwindigkeit $\underline{v}$ ist die Wirbelstärke Ω

$$\Omega = \mathrm{rot} \, \underline{v} \quad .. \text{ mit den Komponenten} \qquad \Omega i = e_{ijk} \, (\delta v_k)/(\delta x_j)$$

Vor der partiellen Ableitung steht e_{ijk}, der Einheitsvektor. Strömungen, in denen die Wirbelstärke verschwindet, heißen wirbelfreie Strömungen oder Potential-strömungen. Hier ist es aber relevant, dass wir die Zirkulation beobachten. Strömungen, in denen die Wirbelstärke von Null verschieden ist, heißen wirbelbehaftete Strömungen oder Wirbelströmungen. In wirbelbehafteten Strömungen bilden die Geschwindigkeit und die Wirbelstärke ein Vektorfeld. **Die Wirbellinie** im Feld der Wirbelstärke **ist eine Analogie zur Stromlinie** im Geschwindigkeitsfeld. Die Wirbellinie ist somit eine Kurve, die in jedem Punkt den Vektor der Wirbelstärke tangiert. Die Zirkulation Γ ist das Kurvenintegral der Geschwindigkeit längs einer geschlossenen Kurve im Strömungsfeld:

$$\Gamma = \int \underline{v} \, dx \qquad .. \text{ mit den Komponenten:} \qquad \Gamma = \int v_i \, dx_i$$

Der **Satz von Stokes**[64] besagt nun, dass das Flächenintegral der Wirbelstärke Ω über eine Fläche A gleich ist, der Zirkulation Γ längs ihrer Randkurve x.
Für einen Volumenstrom durch eine beliebige Fläche gilt immer $V = \int \underline{v} \, d\underline{A}$.
Für eine Zirkulation längs einer beliebigen geschlossenen Kurve gilt immer:
$\Gamma = \int \underline{\Omega} \, d\underline{A}$.

$$\Gamma = \quad \int \underline{v} \, dx = \quad \int \underline{\Omega} \, d\underline{A} \qquad \text{oder komponentenweise}$$
$$\Gamma = \quad \int \underline{v_i} \, dx_i = \quad \int \underline{\Omega_i} \, dA_i$$

---

[64] Der Satz von Stokes ist ein nach <u>Sir George Gabriel Stokes</u> benannter Satz aus der <u>Differentialgeometrie</u>. In der allgemeinen Fassung handelt es sich um einen Satz über die Integration von <u>Differentialformen</u>.

Satz: Die **Wirbelstärke** im Quellpunkt Q im Geschwindigkeitsfeld induziert im **Aufpunkt P** (dieses Geschwindigkeitsfeldes) einen Teil der dortigen **Geschwindigkeit.**
Die Geschwindigkeit im Aufpunkt P ist die Summe der Induktionswirkungen aller Quell-punkte des Strömungsfeldes. Quellpunkte sind die Punkte, an denen die Wirbelstärke nicht verschwindet.

Für einen beliebigen Punkt im dreidimensionalen Strömungsfeld ist $\underline{x}_Q$ der Vektor zu einem Quellpunkt Q und $\underline{x}_P$ der Vektor zu einem Aufpunkt P. Der Vektor $\underline{r}$ vom Quellpunkt Q zum Aufpunkt P ist damit

$$\underline{r} = \underline{x}_P - \underline{x}_Q$$
$$r = ((x_P-x_Q)^2+(y_P-y_Q)^2+(z_P-z_Q)^2)^{1/2}$$

Berechnen wir nun die Komponenten des Geschwindigkeitsvektors $\underline{v}_P$ {v_{xP}, v_{yP}} im Aufpunkt P für für einen konkreten Fall. Die Geschwindigkeit soll von einem (unendlich langen) Wirbelfaden im Quellpunkt Q mit den Koordinaten (x_Q,y_Q) im Aufpunkt P mit den Koordinaten (x_P,y_P) induziert werden. Im Quellpunkt Q wird die Zirkulation Γ angegeben.
Für die induzierte Geschwindigkeit $\underline{v} = \Gamma / 2\pi\ r$ findet man:

Der Ortsvektor $\qquad\qquad \underline{r} = \underline{x}_P - \underline{x}_Q$
$$r = ((x_P-x_Q)^2+(y_P-y_Q)^2)^{1/2}$$

Geschwindigkeiten im Aufpunkt: $\qquad v_{xP} = v\ \sin(\alpha)$ und $v_{yP} = v\ \cos(\alpha)$

mit: $\quad \sin(\alpha) = (y_P-y_Q)/r$ und $\cos(\alpha) = (x_P-x_Q)/r$

$$v_{xP} = v\ \sin(\alpha) = \Gamma\ (y_P-y_Q) / 2\pi\ r((x_P-x_Q)^2+(y_P-y_Q)^2)$$

$$v_{yP} = v\ \cos(\alpha) = \Gamma\ (x_P-x_Q) / 2\pi\ r((x_P-x_Q)^2+(y_P-y_Q)^2)$$

Das Gesetz von Biot und Savart.

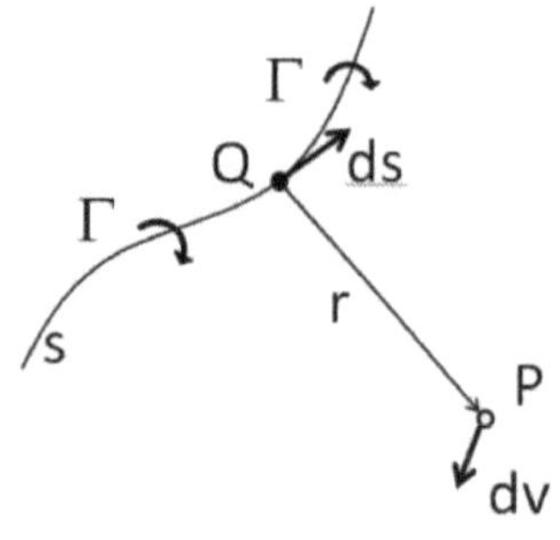

Ein Wirbelfaden mit der Zirkulation Γ induziert eine Strömung im umgebenden Raum mit der Geschwindigkeit $\underline{v}$. Hierzu führe ich eine differentielle Betrachtung für eine reibungsfreie, inkompressible Strömung durch. Wir sehen das gerichtete Wirbelelement der Länge ds auf dem Wirbelfaden mit der Zirkulation Γ, einen beliebigen Punkt P im Raum und einen Abstands-vektor $\underline{r}$ vom Wirbelelement ds zum Punkt P im Raum. Das Wirbelelement ds induziert eine differentielle Geschwindigkeit dv im Punkt P.

Das Biot-Savart'sches Gesetz[65] in differentieller Form lautet:

$$dv = (\Gamma/4\pi) \cdot (ds \times \underline{r})/\underline{r}^3$$

Für den besonderen Fall, dass der Vektor r orthonormal auf der (theoretisch unendlich langen) Linie S des Wirbelfadens steht und damit die Geschwindig-keit dv im Punkt P in einem nunmehr senkrechten Abstand zum Wirbelfadenelement induziert wird, liefert die Integration des Biot-Savart'schen Gesetzes aus der differentieller Form die einfache Beziehung

$$v = \Gamma/2\pi\underline{r}$$

.. die mit dem Ergebnis für einen punktuellen Wirbel in einer zweidimensionalen Strömung übereinstimmt. Der Wirbelfaden der aus dem Randwirbel generiert wird, mit der Zirkulation:

$$\Gamma = F(ca, v, t)$$
$$\text{aus} \quad \Gamma = \tfrac{1}{2}\, c_L\, v\, t$$

.. kann man nun die induzierte Geschwindigkeit ermitteln:

$$v_{\text{induziert}} = \Gamma/2\pi\underline{r}$$
$$v_{\text{induziert}} = \tfrac{1}{2}\, c_L\, v_{\text{anström}}\, t\, /\, 2\pi\underline{r}$$

induzierte Geschwindigkeit: $\quad v_{\text{induziert}} = c_L\, v_{\text{anström}}\, t\, /4\pi\underline{r}$

---

[65]Das Biot-Savart-Gesetz stellt (in der Elektrodynamik) einen Zusammenhang zwischen der magnetischen Feldstärke und der elektrischen Stromdichte her und erlaubt die räumliche Berechnung magnetischer Feldstärkenverteilungen anhand der Kenntnis der räumlichen Stromverteilungen. Meistens wird das Gesetz als Beziehung zwischen der magnetischen Flussdichte und der elektrischen Stromdichte behandelt.

Zur Induktionswirkung eines Wirbelfadenelements.

Ziel ist nun die Beschreibung des Zusammenhangs der Geschwindigkeit $\underline{v}$ in einem Aufpunkt P, also $v(x_P)$ des Geschwindigkeitsfeldes und der Wirbelstärke $\underline{\Omega}(x_Q)$ in allen Quellpunkten eines Strömungsfeldes. Dazu wird ein Wirbelröhrenelement (ein infinitisimal kleines Wirbelfadenelement) auf seine Induktionswirkung auf das Strömungs-feld untersucht. Tragen wir also die erforderlichen Informationen zusammen:

(1)   Das Fluid sei inkompressibel und das Wirbelröhrenelement habe die Länge $d\underline{x}$, den Querschnitt $d\underline{A}$ und das Volumen $d\underline{V} = d\underline{A} \cdot d\underline{x}$.

(2)   Die Länge $d\underline{x}$ und der Querschnitt $d\underline{A}$ sollen parallel zur Wirbelstärke $\underline{\Omega}$ im Quellpunkt Q der Strömung sein. Letztlich betrachte ich eine elementare Vereinfachung des Wirbelspuleneffektes auf einen Ringwirbelfaden.

(3)   Ein Ringwirbelfaden habe nun eine konstante Zirkulation Γ.

Gesucht ist die in der Achse des Ringwirbels induzierte Geschwindigkeit. Auf der Achse des Ringwirbels sind aus Symmetriegründen nur die Z-Komponenten des Vektors $\{v_{xP},\ v_{yP},\ v_{zP}\}$ der induzierten Geschwindigkeit $\underline{v}$ ungleich Null. Das ist eine wichtige Eigenschaft der Strömung in einer fluidmechanischen Wirbelspule. Die von einem Wirbelfadenelement an einem

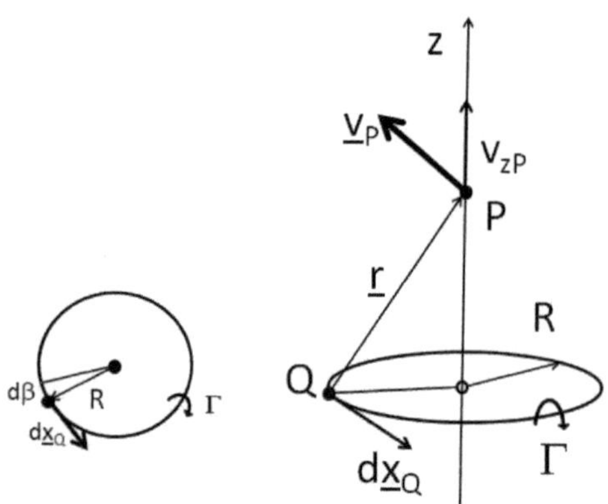

beliebigen Aufpunkt im Strömungsfeld induzierte Geschwindigkeit $\underline{v}$ ist proportional der Wirbelstärke Ω und dem Volumen des Wirbelfadenelements also:

$dv \sim \Omega\, dV$

Die Richtung der induzierten Geschwindigkeit $\underline{v}$ steht senkrecht auf den Vektoren $\underline{\Omega}$ und $\underline{r}$

$$d\underline{v} \sim \underline{\Omega} \times \underline{r}$$

Für einen Volumenstrom durch eine beliebige Fläche gilt immer $V = \int \underline{v}\, d\underline{A}$ und längs einer beliebigen geschlossenen Kurve gilt $\Gamma = \int \underline{\Omega}\, d\underline{A}$.

$$\Gamma = \int \underline{v}\, dx = \int \underline{\Omega}\, d\underline{A}$$

Die Geschwindigkeit, die ein Element des Ringwirbelfadens im Aufpunkt P induziert, ist gegeben mit

$$d\underline{v}(x_P, t) = (\Gamma / 4 \cdot \pi)\, (d\underline{x}_Q \times \underline{r}) / r^3$$

$$\underline{v}(x_P, t) = (\Gamma / 4 \cdot \pi) \int (d\underline{x}_Q \times \underline{r}) / r^3$$

Der Beitrag dieser Geschwindigkeit zur Z-Komponente v_{zP} des Geschwindigkeitsvektors $\underline{v}$ ist:

$$dv_{zP} = dv \cdot \cos(a)$$

mit $\cos(a) = R / (R^2 + z^2)^{1/2}$ ist die Z-Komponente v_{zP} des Geschwindigkeitsvektors:

$$v_{zP} = dv \cdot \cos(a) \quad = (\Gamma / 4 \cdot \pi) \cdot (R / (R^2 + z^2)^{1/2}) \cdot (d\underline{x}_Q \times \underline{r}) / r^3$$

mit $(d\underline{x}_Q \times \underline{r}) = r \cdot dx_Q$ und $dx_Q = R \cdot d\beta$ und $r = (R^2 + z^2)^{1/2}$ und der Integration über die Kreislinie $\{0 .. 2\pi\}$ folgt:

$$v_{zP} = (\Gamma / 2) \cdot (R^2 / (R^2 + z^2)^{3/2})$$

Damit ist eine Quantifizierung der von **einer Windung** einer „**Wirbelspirale**" ausgehenden Geschwindigkeitsinduktion gegeben.

Die Kreislinie der Ebene des Radius R sei eine Windung eines Wirbelspulenmodells. Untersuchen wir nun den besonderen, wenn auch nicht realistischen Fall, dass der Aufpunkt $P(x_P, y_P, z_P)$ an dem die Geschwindigkeit v_{zP} induziert wird, in dieser Ebene liegt und damit die vertikale Koordinate $z=0$ verschwindet. Wir dürfen das tun, weil dieser Punkt, wie jeder andere, Element des vom Ringwirbelfadens induzierten Geschwindigkeitsfeldes ist. Für diesen besonderen Punkt vereinfacht sich der Term für die Z-Komponente v_{zP} des Geschwindigkeitsvektors.

In einer Phänomenologie, in der das Ringwirbelfadenmodell eine n-gängige Wirbelspirale die aus einem Erzeugendensystem mit **n Tragflügeln** und in einem ersten, einfachen Modell mit m Wirbelkeimen herrührt beschreibt, muss die Mehrgängigkeit in der Formel berücksichtigt werden.

Für das Wirbelspulenmodell mit n Ringwirbelfäden folgt damit:

$$v_{zPn} = (n\Gamma/2) \cdot (R^2 / (R^2)^{3/2})$$
$$v_{zPn} = (n\Gamma/2) \cdot (R^2/(R)^3)$$

$$\mathbf{v_{zPn} = n\ \Gamma/2R}$$

Für ein Wirbelspulenmodell mit n=2 folgt:
$$v_{zP2} = \Gamma/R$$
Für ein Wirbelspulenmodell mit n=3 folgt:
$$v_{zP3} = 3\ \Gamma/2\ R$$

Der Ringwirbelfaden stammt aus der Umströmung der Tragflügelkanten der Dreideckerkonfiguration. Die Ringwirbelfäden sind die aus dem Umströmungs-geschehen mit einem Wirbelkeim je Tragflügel resultierenden n=3 Randwirbeln mit der jeweiligen Zirkulaion Γ_{RW}.

Wie oben beschrieben, ist die Zirkulation des Randwirbels eines mit der Stömungsgeschwindigkeit v_∞ beaufschlagten, einzelnen Tragflügels mit dem Liftkoeffizienten c_L un der Tragflügeltiefe t angegeben: Zirkulation: $\Gamma_{RW}=c_L \cdot v_\infty \cdot t$, so dass für die durch die Dreideckerkonfiguration dreier Tragflügel (n=3) mit jeweils einem Wirbelkeim induzierte Geschwindigkeit angeschrieben werden kann. Mit der Zirkulation des Randwirbels $\Gamma_{RW} = c_L \cdot v_\infty \cdot t$ und der induzierten Geschwindigkeit für den n-gängigen Fall: $v_{zP} = n \cdot m \cdot c_L \cdot v_\infty \cdot t /2R$ folgt die durch die Wirbelpule mit drei Wirbelfäden induzierte Geschwindigkeit:

induzierte Geschwindigkeit der Dreidecker-Konfiguration:

$$\mathbf{v_{zP3} = 3\ c_L \cdot v_\infty \cdot t /2R}$$

Die dreigängige fluidmechanische Wirbelspule entsteht mittelbar aus dem Auftrieb dreier Tragflügel (Dreidecker-Konfiguration). Ein Modellannahme dieser hier präsentierten Wirbelspulen-Phänomenologie ist, dass das Auswehen der fluidmechanischen Wirbelspule stromabwärts bei größeren Anstellwinkeln der Tragfläche, in meinen Überlegungen nicht berücksichtigt wird. Das ist natürlich eine weitere Idealisierung. Der reale Schub einer fluidmechanischen Wirbelspule hat einen radialen Richtungsanteil in der Größenordnung der beaufschlagenden Anströmrichtungung. Abgesehen wird darüber hinaus von einer, den abfließenden Randwirbel begünstigenden Randbogenkontur.

Für den Konstrukteur ist es wichtig zu wissen, wie weit die drei Tragflügel und damit die Wirbelkeime (das Erzeugendensystem der fluidmechanischen Wirbelspule) von einander entfernt sind und vo sie vom Konstrukteur zu positionieren sind. Als erstes Maß für den Abstand y_t zweier Wirbelkeime der n wechselwirkenden Ringwirbelfäden der n-gängigen Wirbelspirale wählen wir $y_t=2R$. Eine nichtdeformierte Wirbelspirale aus der Umströmung der Tragflügelkanten der Dreideckerkonfiguration generiert ein Wirbelspulensystem, das ich mir gerne wie eine mantelförmige zylindrige Röhre vorstelle. Diese modellhafte Strömungswirklichkeit kommt der (Labo-) Realität nahe. Windkanalexperimente haben gezeigt, dass die mantelförmige Wirbelspule sehrwohl deformiert werden kann. So kommt es bei extremer Druckabnahme zur Implosion, bei zu kleinen Geschwindigkeiten plustert sich das System auf oder entsteht erst überhaupt nicht. Auch oszilierede Deformationen wurden beobachtet immer dann, wenn die Kernströmung in der Wirbelspule strömungsmechanische Artefakte enthält und dann nicht rotorfrei ist. Die Idealform einer von Randwirbelkeimen herrührenden fluidmechanischen Wirbelspule ist eine Mantelröhre mit einem Durchmesser von $y_t=2R$ der Wirbelkeime des Erzeugendensystems.

Schub. Mit der Profiltiefe t und dem Abstand $y_t=2R$ finden wir zwei erste wichtige Gestaltungsparameter für Tragflügelsysteme in Dreideckerkonfiguration. Die zeitliche Änderung des Massenstroms $0 = \underline{m} = dm/dt$ durch einen beliebigen Querschnitt A und des Volumenstroms $0 = \underline{V} = dV/dt$ ebenda, sei Null.

Kontinuität: $\qquad \underline{m} = dm/dt = d/dt\,(\rho \cdot V) = 0 = \rho \cdot \underline{V} = \rho \cdot A_{WSP} \cdot v$

Die Schubkraft F_{SCHUB} eines fluidmechanischen Antriebs resultiert aus einem mit der Geschwindigkeitsänderung $d/dt\,(v)$ bewegtem Massenstrom $\underline{m}$ [$kg \cdot s^{-1}$]. In einer Lagrange´schen Betrachtungsweise wird die Körpergeschwindigkeit des bewegten Systems zur so genannten „scheinbaren" Anströmgeschwindigkeit v_∞ des (bewegten) Tragflügelsystems. Eine vom Tragflügelsystem generierte Wirbelspule WSP ist ebenfalls ein mitbewegtes Element des (lagrange´schen) Körpers. Sei in einem Kontrollvolumen die Eintrittsgeschwindigkeit $v_1 = v_\infty$ an der Stelle A_1, sowie die Austrittsgeschwindigkeit $v_2 = v_\infty{}^+ v_{zP}$ an der Stelle A_2, so ist die Schubkraft F_{SCHUB} eines (beliebigen) fluidmechanischen Antriebs definiert als:

Schubkraft:$\qquad F_{SCHUB} = \underline{m} \cdot \Delta v = \underline{m} \cdot (v_2 - v_1) \qquad$ [kg s^{-1} m s^{-1}], [N]

Schubkraft ist genau jene Kraft, die gemessen würde, wenn ein Propellerantrieb am Fluid Arbeit verrichtete; beispielsweise bei einem Motorflugzeug während des Flugbetriebs. Weil der Schubkraft aber vollkommen egal ist, aus welchem physikalischen Geschehen sie resultiert, Propeller, Strahltriebwerk, Schlagflügel, Paddel oder irgend eine andere Antriebsart, möchte ich die Schubkraft hier für einen, aus einer fluidmechanischen Wirbelspule induzierten „Jetantrieb" gedacht, entwickeln.

Die Kontinuität über das System fordert $0 = dV/dt$ für den Volumenstrom an jeder (beliebigen) Stelle: Wir betrachten die Kontinuität in der Ebene des Aufpunktes, es sei: const $= \underline{V} = A_1 \cdot v_1 = A_2 \cdot v_2$.

$F_{SCHUB} = \underline{m} \cdot \Delta v = \rho \cdot \underline{V} \cdot (v_2 - v_1) = \rho \cdot A_2 \cdot v_2 \cdot (v_2 - v_1)$

..und nach elementaren Umformungen, sowie dem Bezug auf die Betrachtungsebene $A_2 = A_{WSP}$, dem strömungsreaktivem Querschnitt (vertikale Koordinate z=0) in der Wirbelspule erhält man eine Schubkraft in axialer Richtung:

Schubkraft$\qquad F_{SCHUB} = \underline{m} \cdot \Delta v = \rho \cdot A_{WSP} \cdot (v_\infty \cdot v_{zP} + v_{zP}{}^2) \qquad$ [kg m s^{-2}], [N]

Im Flug und zum Manövrieren interessiert letztendlich der Leistungsaustrag in axialer Richtung, also immer dann wenn am Fluid (Schub-) Arbeit verrichtet wird. Der Fluidmassenstrom besitzt in diesem idealisierten Fall die gleiche Richtung wie die Summe aller Verlustleistungen am Tragflügelsystem, hat aber einen umgekehrten Richtungssinn! Wir erhalten eine Form (sie wird nach dem Ausmultiplizieren nicht wirklich schöner) für die Schubleistung $P_{SCHUB} = v_{zP} \cdot F_{SCHUB}$ eines aus einer fluidmechanischen Wirbelspule induzierten Jetantriebs:

Schubleistung $\qquad P_{SCHUB} = \rho \cdot A_{WSP} \cdot (v_\infty \cdot v_{zP}^{2} + v_{zP}^{3})$ $\qquad$ [Ws]

Anzumerken ist, dass hier immer nur das in einer zentralen Achse (eingespannt gedachte) Tragflügelsystem berücksichtigt ist. Diese Sichtweise ist deshalb vorteilhaft, weil auf diese Art Tragflügelsysteme isoliert betrachtet werden können. Finnen an seefahrzeugen sind somit quantifizierbar. Bei Fluggeräten ist das (Lagrange-) linke und das rechte Tragflügelsystem zu rechnen und die Beträge zu addieren!

Wie ist nun die aus dem stationären Wirbelspuleneffekt resultierende Schubleistung im Kontext einer Gewinn- und Verlustrechnung am Tragflügelsystem zu behandeln? Im Betrieb, beim Manövrieren und in Fahrt ist in der kumulierten Verlustleistung an einer Arbeitstragfläche (natürlich) auch der Anteil der durch das Auftriebsgebaren des Tragflügelsystems generierten „induzieten Widerstands" enthalten, ein auf den ersten Blick bizarres fluidmechanische Phänomen, da doch gerade dieses Wechselwirkungsgeschehen erst den Wirbelspuleneffekt hervorbringt. Vielleicht erkläre ich das so: eine der Widerstandskraft entgegenwirkende Schubkraft entsteht (immer erst) dann, wenn das Wirbelspulensystem die zur „kontinuierlichen Produktion" eine Schar notwendiger Qualitäten besitzt. Im stationären Fall ist das zunächst mal die pure Existenz des Wirbelspulensystems selbst. Voraussetzung für die Beschleunigung einer Fluidmasse ist darüber hinaus die über einen gewissen Zeitraum herrschende topologische Stabilität des Wirbelspulensystems. Der instationäre Fall einer zusammenbrechenden Wirbelspule, welcher physikalisch hoch interessant ist, den wir aber an dieser Stelle nicht betrachten, fordert weitere Qualitäten des Erzeugendensystems. Bei der hier entwickelten, idealisierten Wirbelspulenströmung soll Fluidmassenbeschleunigung und Leistungsaustrag in axialer Richtung herrschen, quasi auf der Wirklinie der kumulierten Verlustleitung. Die zum Manövrieren eines Fahrzeugs aufzuwendende Verschiebeleistung enthält einen translatorischen und einen rotatorischen Anteil, also: $P = P_T + P_R = \Sigma\, F_S\, \Delta v + \Sigma\, M_{FZ}\, \Delta\omega$. Soll die Rotation um die Z-Achse nicht berücksichtigt werden, vereinfacht sich die erforderliche Verschiebeleistung auf den translatorischen Anteil $P_T = \Sigma\, F_S\, \Delta v$. In der ebenen Betrachtungsweise besitzt die Manövrierleistung eine axiale Komponente, die Verlustleistung P_{TW}, die von den axialen Strömungswiderständen $P_{TW} = \Sigma\, R\cdot v$ herrührt und eine radiale produktive (zur Widerstandskraft orthonormalen)

Komponente P_{TL}, die aus dem Auftriebsgebaren $P_{TL}=L{\cdot}v$ der Tragflügelfläche stammt[66]. An einer Tragfläche von – im Falle des Flugzeugs – zwei Tragflügeln!

Radiale Liftleistung: $\qquad P_{TL} = L \cdot v = c_L \cdot A_a \cdot v^3 \cdot \rho/2$

Axiale Verlustleistung: $\qquad P_{TW} = \Sigma R \cdot v = R_F \cdot v + R_R \cdot v + R_I \cdot v$

Axiale Schubleistung aus Wirbelspule: $\qquad P_{SCHUB} = \rho \cdot A_{WSP} \cdot (v_\infty \cdot v_{zP}{}^2 + v_{zP}{}^3)$

Die durch die Dreideckerkonfiguration (dreier Tragflügel und mit insgesamt drei Wirbelkeinem) induzierte Geschwindigkeit kann nun in die Gleichung für die Schubkraft und jene der Schubleistung und aufgenommen werden. Hier steht nun die durch die Wirbelspulenprozesse in die Strömung induzierte Geschwindigkeit v_{zP} des Fluids an der Stelle A_{WSP}, also: $v_{zP} = v_{WSP} = (c_L{\cdot}v_\infty \cdot t/R)$ in der dritten Potenz!; das ist in der Tat beeindruckend.

Für einen ersten Berechnungshub könnte man den Abstand über die Profiltiefe definieren, und damit die Form vereinfachen. Aber: Eigentlich sind wir gar nicht an einer „griffigen Handformel" für die ausgetragene Leistung im Wirbelspulenquerschnitt interessiert, weil diese nur im Zusammenwirken mit anderen (leistungsbezogenen) Größen, etwa der Widerstandsverlustleistung des Gesamtsystems auftritt und Computeralgorithmen ja bekanntlich unter Handlichkeit etwas anderes verstehen als wir Menschenkinder mit unserem alten TI-Taschenrechner.

Oben war die Rede von einem aus einer fluidmechanischen Wirbelspule induzierten „Jetantrieb"! Niemand sollte nun auf die Idee kommen, hier einen Antrieb gefunden zu haben, der „aus dem Nichts" Schub generiert. Vielmehr bleibt der so genannte „induzierte Widerstand" die Münze, mit der wir für die Querkraft (Lift) an einem fluidischen Tragflügelsystem bezahlen. Das physikalische Phänomen des Wirbelspuleneffekts ist aber eine sehr elegante von mehreren Möglichkeiten, einen gewissen Betrag jener Energie zurück zu gewinnen, die wir in das Voranbewegen des fluidischen Systems investiert haben. In der belebten Natur wurde dieses - den Widerstand mindernde - Prinzip erst mit der „Erfindung" des Gefieders möglich. Der aufgefingerte Vogelflügel stellt das (vorläufige) gestalterische Endstadium eines Jahrmillionen

---

[66] Die radialen und die axialen Kräfte am (Mono-) Tragflügel des Doppeldeckertragflügelsystems:

Auftrieb, Querkraft, Lift	[N]	$L =$	$c_a \cdot A_a \cdot v^2 \cdot \rho/2$
Formwiderstand	[N]	$R_F =$	$c_w \cdot A_p \cdot v^2 \cdot \rho/2$
Reibungswiderstand	[N]	$R_R =$	$c_r \cdot A_b \cdot v^2 \cdot \rho/2$
induzierter Widerstand	[N]	$R_I =$	$c_I \cdot A_a \cdot v^2 \cdot \rho/2$
Tragflügelfläche (Aufprojetzion)	[m²]	A_a	
Tragflügelfläche (Frontprojetzion)	[m²]	A_p	
Tragflügelfläche (benetzt)	[m²]	A_b	

währenden Entwicklungs- und Optimierungsprozesses dar. Ingenieure und Designer verstehen erst heute diese auf den ersten Blick wenig Sinn ergebende Auffingerung des Flügels landsegelnder Vögel zu begreifen, zu entschlüsseln und technisch umzusetzen. Der in diesem Aufsatz angebotene Berechnungsansatz für eine durch den Wirbelspiralen-Effekt erklärte Geschwindigkeitsinduktion besitzt (natürlich) zu viele Prämissen und Vereinfachungen, um wissenschaftlich genannt werden zu dürfen. Dennoch erinnere ich mich sehr gut an eine Zeit, als wir lediglich (was heißt hier lediglich?) einen Windkanal hatten, um die entscheidenden Parameter und deren Größenordnung einer technischen Gestaltungslösung zu ermitteln. Wenig hilfreich war in den 80er Jahren des vergangenen Jahrhunderts der Umstand und Zusammenhang, dass außer der BERWIAN-Windmühle der TU Berlin keine weiteren Anwendungen der Wirbelspulenphänomenologie zur Diskussion standen. Dass diese Abwesenheit forscherischen Interesses aus heutiger Sicht und vor dem Hintergrund einer Neubelebung der Doppeldecker- und Dreideckertechnik und Technologie und mit einem besonderen Blick auf Flugsysteme weiterwährt, möchte ich an dieser Stelle ausdrücklich beklagen. Von rezenten messtechnischen Untersuchungen oder numerischen Simulationen fluidmechanisch wirksamer Doppeldecker- und Dreideckertragflächen insbesondere vor dem Hintergrund mehrerer miteinander in Wechselwirkung tretende, induzierte Randwirbel, ist derzeit nichts bekannt. Ausgehend von einer überschaubaren „Labor-Konfiguration", bei der drei Querkraft erzeugende endliche Tragflächen ein Dreideckersystem bilden, sollte es gelingen, die hier postulierten Wirbelspulenphänomenologie experimentell oder simulatorisch nachzustellen und Parameterstudien zu betreiben mit dem Ziel, stimmige sowie begünstigende Tragflächengeometrien und Anströmbedingungen aufzufinden.
Erfahrungen aus eigenen Experimenten die ich in den frühen 90er Jahren des vergangenen Jahrhunderts am Windkanal des Fachgebiets Bionik und Evolutionstechnik der Technischen Universität Berlin durchführte, weisen darauf hin, dass − insbesondere bei (nur) zwei oder drei Randwirbel erzeugenden Arbeitstragflächen − mit möglichst homogen abfließenden Partialwirbeln gearbeitet werden muss. Bei kleinen Reynoldszahlen, Anstellwinkeln die sich in einem sicheren Bereich vor dem kritischen Stall-Winkel befinden und geometrisch gleichen Tragflügelpaaren, die hier explizit nur die Funktion des Erzeugenden-Systems möglichst leistungsfähiger Randwirbel erfüllen, führen nahezu zwangsläufig auf äußerst stabile synthetische Wirbelspulen. Grundsätzlich ermöglicht die Separation der signifikanten strömungsmechanischen Parameter eine Prozessführung, die auf eine Kontrolle durch Randwirbel induzierter Jetströmung zielt. Näheres ist der angegebenen Literatur zu entnehmen [Hau-

03][Die-13-8]. Nun, Drei- und Doppeldecker sind kein Labor und das Fliegen und Schwimmen mit kleinen Reynolsdzahlen ist derzeit nicht populär, dennoch lassen sich Anwendungsfelder finden, bei denen die Randbedingungen für durch Randwirbel induzierte Jetströmungen stimmig sind und zu Innovationen führen, etwa im Yachtdesign [Die-14-4] oder auf dem Gebiet der Energiewandlung [Rech-90]. Für eine weitere und intensive Untersuchung durch Auftriebsgebaren generierter Wirbelspulenstrukturen spricht die Tatsache, dass Wirbel generell eine fluidmechanische Struktur darstellen, die Energie in hoher Effizienz wandelt. Dies wird gerade beim Querkraftbedingten Randwirbel auf dramatische Weise deutlich. Ist uns in der konventionellen Fluidmechanik und offenbar ganz besonders in der anwendungsorientierten Aeromechanik der durch Randwirbel generierte Verlust an mühsam aufgebrachter Antriebsleistung gewahr - der induzierte Widerstand nimmt bis zu zweidrittel des Gesamtwiderstands an – wird gerade deshalb offensichtlich, welch grandiosem biologischen Konzept fluidmechanischer Energiewandlung wir uns gegenübersehen.

Anhang 3 Flugaggregat

Technische Beschreibung

Ein den fluidmechanischen Wirbelspuleneffekt nutzendes Flugaggregat

Die Erfindung betrifft ein Flugaggregat in Dreideckerkonfiguration das in seiner Betriebs-weise einem Arbeitsflugdrachen (im engl. „Power Kite") vom Stand der Technik entspricht, welcher als Antrieb für Seefahrzeuge genutzt wird. Arbeitsflugdrachen sind hierfür mit einer Fesselung zum Seefahrzeug verbunden, die nicht Gegenstand der Erfindung ist. Das Tragflächensystem des Flugaggregates nutzt erfindungsgemäß den so genannten fluidmechanischen Wirbelspuleneffekt. Das Phänomen fluidmechanischer Wirbelspulen taucht bei fluidmechanisch wirksamen, Auftrieb erzeugenden Tragflügelsystemen auf, deren Tragflügel in geeigneter Weise angeordnet sind. Geeignet sind Mehrdeckerkonfigurationen, respektive Doppeldeckerkonfigurationen und Dreideckerkonfigurationen. Das Flugaggregat in Dreideckerkonfiguration besitzt einen zuschaltbaren elektrischen Hilfsantrieb zum Manövrieren, Starten und Landen bzw. Wassern.
Der fluidmechanische Wirbelspuleneffekt bewirkt den Rückgewinn eines Teils, der zur Auftriebserzeugung eines Flugsystems aufgebrachten Energie. Die vom Flugaggregat in Dreideckerkonfiguration erzeugte Querkraft wird für die Fortbewegung des Seefahrzeugs genutzt. Generell sind Arbeitsflugdrachen (als Antrieb für Seefahrzeuge) geeignet, im Zusammenwirken mit einer elektronischen Steuerung vom Stand der Technik, autonom in der bodennahen Luftschicht zu agieren und die dort (über der Wasseroberfläche) herrschen Scherwinde zur Querkrafterzeugung zu nutzen. Die Steuerung von Arbeitsflugdrachen ist nicht Gegenstand der Erfindung.

Stand der Technik, Arbeitsflugdrachen.
Das Funktionsprinzip, Seefahrzeuge von Flugdrachen ziehen zu lassen war bereits zur Zeit des legendären chinesischen Seefahrers Cheng Ho (Zhèng Hé

*1371 in Kunming / Provinz Yunnan; † 1433) als Vortriebsmethode bekannt. Moderne Arbeitsflugdrachen vom Stand der Technik greifen das Funktionsprinzip des asiatischen Zugdrachens auf und kombinieren es mit einem dynamischen Flugstil moderner Lenkdrachen aus dem Spiel-, Freizeit- und Sportbereich. Die Tragfläche von Arbeitsflugdrachen vom Stand der Technik ist in der Regel nach der Art eines Gleitschirms konstruiert und aus hochfesten und witterungsbeständigen Textilien gefertigt. Arbeitsflugdrachen erzielen ihre Zugkraft (gestalterisch) durch die Tragflächenform und (betriebstechnisch) durch eine Flugbahn in großen Achten. Durch den dynamischen Flug entstehen hohe Anströmgeschwindigkeiten und hohe wirksame Querkräfte (Vortriebskräfte) am Tragflügel. Durch den Flugstil in Achten erzeugt der Drachen einen bis zu dreimal größeren Vortrieb als ein herkömmliches Schiffssegel in vergleichbarer Größe. Die Zugkräfte werden über ein Zugseil zum Schiff übertragen. Arbeitsflugdrachen vom Stand der Technik werden mit einem vollautomatischen Steuerungssystem betrieben, das mit dem Autopiloten eines Flugzeugs vergleichbar ist. Für Arbeitsflugdrachen vom Stand der Technik beträgt verfahrensbedingt die optimale Betriebshöhe zwischen 100 und 300 Metern. Die Zugkraft (axial in Richtung der Schiffsbewegung) beträgt bei kommerziellen Systemen von Stand der Technik bei einer Drachengröße von 40m2 etwa 18 kN (SKS Y 20) bei einer Drachengröße von 160m2 etwa 112 kN (SKS Y 160), was einem Hauptmaschinenäquivalent von 100 kW bzw. 1000 kW entspricht (Herstellerangaben: SkySails).

Stand der Technik. Tragflächen in Mehrdeckerkonfiguration.
Berechnungen vom Stand der Wissenschaft zeigen, dass Arbeitstragflügel in Doppel- Drei- oder Mehrdecker-Tragflächenkonfiguration gleicher Fläche und spezifischer Tragflächen-belastung auf betragsmäßig gleiche Auftriebs- und Widerstandskräfte führen, sofern nicht die durch das Auftriebsgebaren induzierten Widerstande der Tragfläche betrachtet werden. Hier sind die Schlankheitsgrade der Teiltragflächen von großem Einfluss und können glückliche Konfigurationen oder ungünstige Verhältnisse annehmen und bedeuten ein mehr an Verzehr der in das Tragflächensystem eingespeisten Antriebsleistung je nachdem, wie der Mehrdeckerflügel konfiguriert ist. Dies wird als (induzierter) Widerstand am Tragflächen-system wirksam. Die Kontrolle der durch das Auftriebsgebaren einer (oder mehrerer) Kraft- und Arbeitstragflächen induzierten Verluste ist Gegenstand rezenter Forschung.

Stand der Wissenschaft, Windscherung.

Die Geschwindigkeit der Luftströmung über einer ebenen Land- oder einer Wasser-oberfläche besitzt einen Gradienten. Dieses Windscherung (vertikale Windzunahme an der Meeresoberfläche) genannte Strömungsphänomen ist in einer Schicht bis etwa 30 Meter über der (Wasser-) Oberfläche wirksam. Wandernde Seevögel nutzen die Windscherung um aus der Strömung Energie zu entkoppeln und derart stundenlang ohne Flügelschlag zu fliegen. Albatrosse beispielsweise legen mit einem „Gradientenflug" genannten Flugstil hunderte von Kilometer zurück. Beim Gradientenflug ist die mittlere Anströmge-schwindigkeit des (biologischen) Flugsystems etwa konstant: nahe des Bodens, hier ist die Strömungs-geschwindigkeit der Luft gering, ist die Bewegungsgeschwindigkeit des Vogels groß und damit seine kinetische Energie hoch. In, der für diesen Flugstil maximalen Höhe, ist die Bewegungsgeschwindigkeit des Vogels eher gering, die Strömungsgeschwindigkeit der Luft aber maximal; die potentielle Energie des Systems ist hoch. Ein nun ansetzender Sinkflug arbeitet dieses Energiepotential ab und setzt es in Flugstrecke um. Bewegungsge-schwindigkeit des Vogels steigt bist zum Scheitelpunkt, nahe der Wasseroberfläche wieder an, und der Zyklus beginnt von vorn. Auf diese Weise legt das Tier große Distanzen ohne einen Flügelschlag zurück. Der biologische Gradientenflug ist Gegenstand rezenter Forschung.

Stand der Wissenschaft, Wirbelspulenphänomenologie. Nach der Tragflügeltheorie hängt die Auftriebskraft einer umströmten Tragfläche alleine von der Zirkulation ab [Kutta-Jankowski]. Überlagern sich an einem Strömungskörper (bei einer zweidimensionalen Modellvorstellung in der Profilebene des Strömungskörpers) ein translatorisches und ein rotatorisches Strömungsfeld, kommt es infolge der Zirkulation um diesen Körper zu Verzögerung der Strömung auf der einen und zu einer Beschleunigung der Strömung auf der anderen Seite. Nach der Bernoullischen Gleichung führt die Beschleunigung zu einer Druckminderung, die Verzögerung zu einer Druckerhöhung, was im Falle eines Tragflügels als Auftriebskraft spürbar wird. Für einen angeströmten, endlichen Tragflügel ist die Auftriebskraft elliptisch über den Auftrieb erzeugenden Körper verteilt. Infolge des Druckgradienten kommt es am materiellen Ende der Tragfläche zu einer Umströmung der Tragflächenkante. Im Nachlauf der Kantenumströmung bildet sich nun ein kompakter Wirbel aus, der als durch den Druckgradienten induzierter Randwirbel in der Literatur beschrieben wird. Der induzierte Randwirbel bindet einen erheblichen Anteil der zur Erzeugung der Auftriebkräfte des Systems aufgebrachten Energie. Der Wirbelzopf im Nachlauf einer Auftrieb erzeugenden Tragfläche ist sehr stabil. In Strömungsuntersuchungen am Windkanal aber auch durch numerische Strömungssimulationsrechnungen kann das Umströmungs-gebaren an den Enden Auftrieb erzeugender Strömungskörper sichtbar gemacht werden. Jeder durch das Auftriebsgebaren einer Tragflügelfläche induzierter Wirbelzopf ist idealer weise hinsichtlich seiner Geschwindigkeitsverteilung in seinem Querschnitt kompakt und bildet ein graduelles rotatorisches Fernfeld aus. Existieren zwei oder mehr kompakte Wirbelzöpfe gleicher Drehrichtung und ähnlicher, in einem günstigen Fall, gleicher Intensität, beginnen die Wirbelzöpfe im Nachlauf ihres Entstehungsortes um ein gemeinsames Zentrum zu rotieren. Ein schraubenartiges Wirbelspulengebilde entsteht. Während die Wirbelzöpfe auf dem Mantel der Wirbelspule stromabwärts um eine gemeinsame zentrale Achse rotieren bildet sich innerhalb der Wirbelspule entlang des zentralen (gedachten) Stromfadens eine beschleunigte Strömung aus, die nach außen durch den Wirbelmantel begrenzt und geführt wird und in ihrem inneren Strömungsprofil rotorfrei ist. Dieses als „Wirbelspuleneffekt" bezeichnete Phänomen wurde in den 70er und 80er Jahren des vergangenen Jahrhunderts durch messtechnische Untersuchungen belegt, eine Theorie der Wirbelspule entwickelt und von Ingo Rechenberg in Berlin eine Windkraftanlage patentiert [Rech-85] [Rech-85] [www-11] [www-12] [www-13]. Die Beschleunigung der Strömung innerhalb der Wirbelspule ist intensiv; die Geschwindigkeiten können gegenüber der den Wirbelspuleneffekt hervorrufenden Flügelumströmung mehr als den dreifachen Wert annehmen. Aus Windkanalmessungen ist bekannt, dass zu einer den Auftrieb generierende Tragflächen der kumulierten Tragflügeltiefe t erzeugte Wirbelspule stromabwärts eine Länge von L>10t hinweg stabil existiert und über die gesamte Distanz einen rotorfreien Strömungs-Jet produziert. Das Geschwindigkeitsniveau der Innenströmung kann derart ansteigen, dass aufgrund der Druckabnahme im Jet (Bernoulli-Gleichung, Kontinuität) die umhüllende Mantelströmung implodieren kann und die den Effekt tragende Wirbelspule ihre schrauben-förmige Struktur verliert und letztlich zerstört wird.

Stand der Wissenschaft. Biologie und Technik.
Landsegelnde Vögel mit ihren kastenförmigen und an den Flügelenden mit Gefiederfinger ausgestatteten Tragflächen nutzen den Wirbelspuleneffekt [Nach-02]. Der durch die Wirbelspule erzeugte Strömungsjet spielt zu einem gewissen Maße die zur Generierung von Auftrieb eingesetzte Energie des Landseglers wieder ein. Das Auftriebsgebaren großer landsegelnder Vögel

wurde in den 70er Jahren untersucht und der Wirbelspuleneffekt postuliert, bevor er in den 80er Jahren durch Experimente an biologischen Flügeln und an technischen Auftrieb generierenden Tragflächen nachgewiesen wurde. Auch Seevögel mit ihren schlanken Flügeln besitzen aufgefingerte Tragflächenenden, wenn auch weniger ausgeprägt. Ein den induzierten Widerstand mindernder Effekt wird hier dadurch erzielt, dass die Geometrie des Auftrieb bedingten (induzierten) Randwirbels deformiert und in seiner Kompaktheit geschwächt wird. In ihrer technischen Ausführung werden diese den Widerstand mindernden (singulären) Anflügel "Winglets" genannt und sind Stand der Technik.

Problembeschreibung

Arbeitsflugdrachen vom Stand der Technik, die als Antrieb für Seefahrzeuge genutzt werden sind in der Regel nach der Art eines Gleitschirms konstruiert und aus hochfesten und witterungsbeständigen Textilien gefertigt. Der Arbeitsflugdrachen ist deshalb leicht. Die fluiddynamischen Eigenschaften derart aus Textilien gefertigter Arbeitsflugdrachen liegen deutlich unter denen rigider Tragflügelsysteme. Bei gleicher Fläche des Tragflügelsystems leistet ein rigider Tragflügel die doppelte Schubkraft. Fluidmechanische Wirbelspuleneffekte sind mit einem Gleitschirm nicht nutzbar.

Problemlösung

Die Erfindung betrifft die Lehre und das geometrische Prinzip über ein Flugaggregat mit einer fluidmechanisch wirksamen Tragflügelanordnung in Dreideckerkonfiguration. Durch die Anordnung fluidmechanisch wirksamer Tragflügel in der Konfiguration eines Dreideckers können stationäre und nichtstationäre Wirbelspuleneffekte im Betrieb genutzt werden. Dies trägt zur Wirtschaftlichkeit des Gesamtsystems bei.

Das Flugaggregat entspricht in seiner Betriebsweise einem Arbeitsflugdrachen vom Stand der Technik entspricht, welcher als Antrieb für Seefahrzeuge genutzt wird.

Das Flugaggregat ist geeignet, im Zusammenwirken mit einer elektronischen Steuerung vom Stand der Technik, autonom in der bodennahen Luftschicht zu agieren und die dort (über der Wasseroberfläche) herrschen Scherwinde zur Querkrafterzeugung zu nutzen. Die Steuerung von Arbeitsflugdrachen ist nicht Gegenstand der Erfindung.

Erreichbare Vorteile

Mit einer Anordnung der fluidmechanisch wirksamen Tragflügel in Dreideckerkonfiguration wird erreicht, dass aufgrund des fluidmechanischen

Wirbelspuleneffekts ein Rückgewinn eines Teils, der zur Auftriebserzeugung eines Flugsystems aufgebrachten Energie erfolgt. Gegenüber einem Einzeltragflügel ist das energetisch und wirtschaftlich vorteilhaft.

Aufbau, Wirkungsweise
Der Rumpf R das obere Leitwerk LU, das untere Leitwerk nebst Ruderklappe RK die obere Tragfläche FU, die mittlere Tragfläche FM und die untere Tragfläche FL bilden eine Organisatorische und konstruktive Einheit.
Der Rumpf des Flugaggregats R nimmt die gesamte erforderliche Steuerungselektronik von Stand der Technik, die Energieversorgung und die Motoreinheit M auf. Die Anordnung der Bauelemente des Flugaggregats ist in der schematischen Skizze Figur 1 als Seitenansicht, in der schematischen Skizze Figur 2 als Fronttalansicht und schematisch im Betrieb in Figur 3 dargestellt.

Bezeichnungen der Gestaltungselemente in den schematischen Skizzen
R   Rumpf des Flugaggregats
FU   oberer Tragflügel
FM   mittlerer Tragflügel
FL   unterer Tragflügel
LU   oberes Leitwerk
MO   Motoreinheit des Flugaggregats
LL   unteres Leitwerk
K   Ruderklappe

Bezeichnungen von schematischen Punkten und Linien in den Skizzen
FX   Fixation der Steuerleinen
WK   Wirbelkeim (Ort des ~)
SL   Steuerleine (schematisch)

Die Steuerleinen fixieren an den Punkten FX und sind in der schematischen Skizze 3 lediglich angedeutet. Die Punkte WK markieren die Entstehungsorte der Wirbelkeime der fluidmechanischen Wirbelspule.

Physikalische Wirkungsweise
Wie in der Recherche zur physikalischen Wirksamkeit in den Ausführungen zum Stand der Technik beschrieben, kommt es infolge der speziellen und der Erfindung gemäßen Geometrie der Tragflügel in Dreideckerkonfiguration auf beiden Seiten der Tragfläche zur Ausbildung von drei in gleicher Rotationsrichtung drehenden induzierten Randwirbeln. Diese wiederum bilden

im Nachlauf der Strömung eine fluiddynamisch wirksame Wirbelspule, die ihrerseits einen rotationsfreien Jet erzeugt, wie oben beschrieben.

Der fluidmechanische Wirbelspuleneffekt bewirkt den Rückgewinn eines Teils, der zur Auftriebserzeugung eines Flugsystems aufgebrachten Energie, wie oben beschrieben.

Die vom Flugaggregat erzeugte Querkraft wird für die Fortbewegung des Seefahrzeugs genutzt.

Die Betriebsweise des Flugaggregats ist die eines Arbeitsflugdrachen (Power Kite) vom Stand der Technik, der als Antrieb für Seefahrzeuge genutzt wird.

Das Flugaggregat in Dreideckerkonfiguration besitzt einen zuschaltbaren elektrischen Hilfsantrieb M zum Starten und Landen bzw. Wassern. Die Stromversorgung des Motors, der in erster Linie dem Starten dient, kann mit Akkumulatoren oder aufladbaren Kondensatoren vom Stand der Technik erfolgen

Mit der Ruderklappe K kann das Flugaggregat nach Art und Weise der Technik manövriert werden. Erfindungsgemäß ist die Ruderklappe so angeordnet, dass sie (fluidmechanisch) nicht oder nur wenig in das energetische geschehen der induzierten Wirbelspule eingreift.

Die Steuerung von Arbeitsflugdrachen ist nicht Gegenstand der Erfindung.

Weiterführende Literatur und Quellenhinweise

[Nach-02]   Werner Nachtigall (2002) Bionik. Grundlagen und Beispiele für Ingenieure und   Naturwissenschaftler. Springer Berlin Heidelberg New York ISBN 3-540-43660

[Rech-73]   Rechenberg,-I.: Evolutionsstrategie. Stuttgart-Bad Cannstatt: Friedrich Frommann Verlag 1973.

[Rech-85]   DE3330899 (A1) 1985-03-14. Arrangement for increasing the speed of a gas or liquid flow.

[www-11]   http://www.bionik.tu-berlin.de/institut/s2foshow/show.php?show=BerwSpul   (Aufruf 01072013)

[www-12]   http://www.bionik.tu-berlin.de/institut/xs2foshow/list.html (Aufruf 01042018)

[www-13]   http://www.bionik.tu-berlin.de/ (Aufruf 01042018)

Ansprüche

1. Wirbelspuleneffekt nutzendes Flugaggregat das in seiner Betriebsweise einem Arbeitsflugdrachen vom Stand der Technik entspricht, welcher als Antrieb für Seefahrzeuge genutzt wird, dadurch gekennzeichnet,

dass die Tragflügel in Dreideckerkonfiguration ausgeführt sind

2. Wirbelspuleneffekt nutzendes Flugaggregat nach Anspruch 1 dadurch gekennzeichnet,

dass die Tragflächen rigide ausgeführt sind.

3. Wirbelspuleneffekt nutzendes Flugaggregat nach Anspruch 1 dadurch gekennzeichnet,

dass das Flugsystem einen zuschaltbaren elektrischen Hilfsantrieb zum Manövrieren, Starten und Landen bzw. Wassern besitzt.

Anhang 4 Wirbelquellenkontur

Technische Beschreibung

Surfbrettfinne mit einfachster Wirbelquellenkontur

Die Erfindung betrifft eine Randbogenkontur für den fluidmechanisch wirksamen, Querkraft erzeugenden Tragflügel einer Surfbrettfinne. Der Erfindung liegt die Idee einer Wirbelquelle mit einer geometrischen Kontur zu Grunde, die durch eine Rampenfunktion beschrieben wird und durch zwei Parameter eindeutig definiert ist. Die räumlich gestaltete Randbogenkontur der Wirbelquelle ermöglicht eine kontrollierte Form und Kondition des querkraftbedingten Randwirbels.
Die Randbogenkontur ist für den Einsatz an Surfbrettfinnen geeignet. Ausprägungen und Varianten können in Serien systematisiert und geordnet werden. Die Randbogenkontur kann skaliert und parametrisiert werden derart, dass sie für unterschiedliche Anströmbedingungen fluidmechanisch wirksam und geeignet ist. Die Randbogenkonturen entsprechend der Erfindung können als Eich-, Referenz- oder Normalkörperkonturen im Wissenschafts- oder Laborbetrieb in der Forschung Verwendung finden.

Stand der Technik und der Wissenschaft

Ein Strömungsprofil bezeichnet die Querschnittgeometrie von Kraft- und Arbeitstrag-flügeln in Strömungsrichtung des umgebenden Fluids. Kontur bezeichnet dabei die umhüllende Gestalt eines Strömungskörpers. Dreidimensionale Körperkonturen können eben, konvex oder konkav sein.

Leitflächen am Heck von Surfbrettern. Bei Surfbrettern in Fahrt und beim Manöv-rieren ist neben der hohen mechanischen Belastung der strömungsmechanisch wirksamen Bauteile im Bereich des Unterwasserschiffes die optimale und an Strömungswiderständen arme Funktionsweise entscheidend für höchste Fahr-leistungen. Grundsätzlich sind bei leistungsoptimierten Segelfahrzeugen, Yachten und Jollen nach Stand der Technik und all ihren Bauteilen Robustheit, Formhaltigkeit, Funktion und Lebensdauer bei geringem Gewicht von Bedeutung. Zum Lateralplan eines

Seefahrzeugs zählen alle fluidmechanisch wirksamen Leitflächen im Unterwasserbereich, z.B. der Yachtkiel, das Jollenschwert, die Ruderanlage, bzw. die Ruderblattfläche im Allgemeinen. Bei Surfbrettern vom Stand der Technik gehören die als Leitflächen ausgeführten Finnen am Heck des Segelfahrzeuges zum Lateralplan. In Fahrt bilden fluidmechanisch wirksame Leitflächen im Unterwasser-bereich mit symmetrischem Profil nach Stand der Technik dann einen fluiddynamisch wirksamen Tragflügel aus, wenn eine nicht axiale Anströmung gegeben ist. Dies gilt insbesondere für Surfbrettfinnen mit symmetrischem Profil nach Stand der Technik.

Die aus dem hydrodynamischen Auftriebsgebaren der Surfbrettfinnen resultierende Querkraft wird beim Manövrieren genutzt. Surfbrettfinnen nach Stand der Technik sind üblicherweise aus symmetrisch profiliertem Vollmaterial. Für das Flügelende der Leit- und Steuertragfläche, insbesondere den Randbogen (die Kontur des vom Surfbrettkörper abweisenden, freien Surfbrettfinnenflächenendes) sind unterschied-liche Formen bekannt.

Tragflügel. Die aus dem Energieumsatz am Surfsegel hervorgerufene und zum Segeln erforderliche Vortriebskraftkomponente bildet mit der bei Segelsurfbrettern durch die hydrodynamisch wirksamen Unterwasserteile des Surfbrettes erzeugte Querkraft ein Kräftesystem aus dem die Vortriebsbewegung des Seefahrzeugs resultiert. Leit- und Steuerflächen von Seefahrzeugen sind einseitig gebundene Tragflügel mit einer Randbogenkontur am freien Tragflügelende, dem materiellen Ende der Tragfläche. Nach der Tragflügeltheorie hängt die Auftriebskraft einer umströmten Tragfläche alleine von der Zirkulation ab. Überlagern sich an einem Strömungskörper ein translatorisches und ein rotatorisches Strömungsfeld, kommt es infolge der Zirkulation um diesen Körper zu Verzögerung der Strömung auf der einen und zu einer Beschleunigung der Strömung auf der anderen Seite. Nach der aus der Physik bekannten Bernoullischen Gleichung führt die Beschleunigung an der Kontur der Profiloberseite zu einer Druckminderung, die Verzögerung an der Kontur der Profilunterseite zu einer Druckerhöhung, was im Falle eines Tragflügels als Quer- oder Auftriebskraft spürbar wird. Für einen angeströmten, endlichen Tragflügel ist die Auftriebskraft elliptisch über den Auftrieb erzeugenden Körper verteilt. Infolge des Druckgradienten kommt es am materiellen Ende der Tragfläche zu einer Umströ-mung der Tragflächenkante. Im Nachlauf der Kantenumströmung bildet sich nun ein Wirbel aus, der als durch den Druckgradienten induzierter Randwirbel in der Literatur beschrieben wird. Der induzierte Randwirbel bindet einen erheblichen Anteil der zur Erzeugung der Auftriebskräfte des Systems aufgebrachten Energie. Der vom

Randwirbel induzierte Widerstand einer fluidmechanisch wirksamen Tragfläche ist größenordnungsmäßig von der Zirkulation dieses Wirbels abhängig. In Strömungs-untersuchungen am Windkanal aber auch durch numerische Strömungssimulations-rechnungen kann das Umströmungsgebaren an den Enden Auftrieb erzeugender Strömungskörper sichtbar gemacht werden. Die dreidimensionalen Konturen der Randbögen von Tragflügeln für Leit- und Steuerflächen von Luft- und Seefahrzeugen vom Stand der Technik sind in der Regel eben oder konvex. Es ist ferner Stand der Technik und bei Tragflügelkonstruktionen für Leit- und Steuertragflächen von See-fahrzeugen üblich, den Randbogen des Tragflügelendes als räumlich Entsprechung des Tragflügelprofils zu gestalten. Unter bestimmten Umständen bietet dieses Design strömungsmechanische Vorteile gegenüber einer senkrecht zur Flügelstreckung verlaufenden Kante als Tragflügelende. Die Umströmung des Randbogens einer Querkraft generierenden Tragfläche, gestaltet nach dem Stand der Technik, beginnt bereits zu Beginn der Weglänge entlang der Profilachse des (dreidimensionalen) Profils des Randbogens. Die Qualität des Wirbelkeims, der den Ort des Beginns des Eindrehens eines leewärtig abfließenden Wirbelzopfes markiert, ist von einer Reihe komplex miteinander wechselwirkenden Prozess- und Rand-bedingungen abhängig.

Bei einer Richtung der fluidischen Anströmung, mit Winkeln die kleiner sind als der kritische Stallwinkel (Anströmwinkel, bei dem bei gegebenem Profil Strömungs-ablösung erfolgt), ist mit einer Zunahme der konturnahen Fluidgeschwindigkeit bis in den Bereich der größten Profildicke zu rechnen. Dies legt auch die Gestaltungs-absicht nahe, am Tragflächenende eines Querkraft generierenden Tragflügels dieses Gebiet möglichst weit in den hinteren Bereich der räumlichen Profilkontur des Randbogens zu verlegen. Hier taucht nun das Problem auf, dass eine kontinuierliche Minderung der konturnahen Strömungsgeschwindigkeit zu einer allmählich und nach und nach unkontrolliert sich aufblähender Randwirbelstruktur führt. Eingedenk der Tatsache, dass die Querschnittsfläche der in den Nachlauf der Tragflügelströmung abfließenden Randwirbelstruktur mit dem (induzierten) Widerstand korreliert, stellt dies ein Gestaltungs-Dilemma dar.

Problembeschreibung

Das funktionale Problem. Aus dem Ümströmungsgebaren am Tragflügelende eines Auftrieb erzeugenden Tragflügels, dargestellt durch die Surfbrettfinne, leitet sich der auftriebsbedingte, induzierte Randwirbel ab. Seine Gestalt und Intensität determi-niert den (auftriebsbedingten) induzierten Widerstand des fluidmechanisch wirksa-men Gesamtsystems. Der induzierte Widerstand wächst proportional zum Flächen-querschnitt des am Tragflügelende generierten Randwirbels.

Semantisches Problem. In für Strömungsanwendungen zu Randbögen an Tragflügelenden für Surfbrettfinnen typischen Entwicklungs- und Nutzungsszenarien, etwa in Forschungslabors, im Prototypenbau und im von kleinen und mittelständigen Unternehmen geprägten Yacht- und Bootsbau, taucht das Problem auf, dass die Geometriedaten der Randbogenkonturen von fluidmechanisch wirksamen Strö-mungskörpern oder für Profillehren, Formen und anderer Fertigungsmittel in einer für die Bauteiloptimierung oder für die Fertigung nicht geeigneten Form vorliegen. Dass einfache mathematische Beschreibungen der Randbogenkontur nur von sehr einfachen Strömungskörpern existieren und es nach Stand der Technik und der Wissenschaft üblich ist, Koordinaten der Konturen von Strömungsprofilen in Datenbanken zu hegen, führt in der Labor-, Reparatur in der Boots- und Yachtbaupraxis dazu, dass durch Konstruktion und gestalterische Vorgabe vorgesehene Profile nur unzureichend in Formen und in Bauteilkonturen wieder-gegeben werden.

Problemlösung

Die Erfindung betrifft die Lehre und das geometrische Prinzip über eine fluidmechanisch wirksame Randbogenkontur an Tragflügelenden von Leit- und Steuerflächen für Luft- und Seefahrzeuge, deren Gestalt beschrieben und eindeutig definiert ist, wie folgt:
"WIRBELQUELLE [p1][p2]"

Die Wirbelquelle besitzt die Gestalt eines Kreissektors mit einer anliegenden Tangente mit den Formparametern [p1][p2]. Die Kontur dient als kontrollierte Wirbelquelle.

Erzielbare Vorteile

Strömungsmechanische Vorteile. Aus der Kontrolle der Gestalt und der Intensität des aus dem Umströmungsgebaren um das Tragflügelende eines Auftrieb erzeugen-den Tragflügels ableitbaren induzierten Randwirbels, kann durch strategische Strö-mungsuntersuchungen am Windkanal und durch numerische Strömungssimulations-rechnungen der induzierte Widerstand des fluidmechanischen Gesamtsystems gezielt und effizient reduzieret werden. Die Gestalt des durch den Auftrieb des Tragflügels bedingten Randwirbels wird in einer konkaven Kontur geformt. Ein kompakter Wirbelfaden ist deshalb energetisch vorteilhaft, weil der vom Randwirbel induzierte Widerstand einer fluidmechanisch wirksamen Tragfläche größenordnungs-mäßig von der ZirkulationTTdes Wirbels abhängig ist.

Deklaratorische Vorteile. Mit einer fluidmechanisch wirksamen Randbogenkontur von Tragflügeln für Leit- und Steuerflächen von Seefahrzeugen, dessen Kontur und Oberfläche durch wenige Parameter beschrieben wird und diese Kontur sodann vollständig und eindeutig definiert ist wird erreicht, dass
(1) in der Baupraxis, in der Reparatur- und Instandhaltungspraxis, Strömungsbauteile und/oder deren Fertigungsmittel wie Profillehren oder Formen durch mathematische Beziehungen (Ellipsengleichung) beschrieben werden können und
(2) in der Konstruktionspraxis geometrische Vorgaben möglich werden oder existieren, die auch vom Laien mit geringsten Mitteln umgesetzt werden können.
(3) Die Erfindung zur Simplifizierung der Konstruktion und zur Robustheit im Betrieb beiträgt. Dies ist von wirtschaftlichem Interesse.

Aufbau und Wirkungsweise

Die Tragflächenkontur der Tragfläche F und der Montagesockel MSO zum handelsüblichen Fügen an Segelsurfbrett, die   Konturlinie KLB am Bug der Finne (Vorderliek), die Konturlinie KLH am Heck der Finne (Achterliek), die Konturlinie KLRB am Randbogen der Finne (Unterliek) und die   Konturlinie der Wirbeklquelle KLWQ der Finne bilden eine gemeinsame geometrische, konstruktive und organisatorische Einheit. Die Skizze in der Abbildung FIGUR 1 zeigt eine schematische Darstellung eines Tragflügels mit Randbogen und Wirbelquelle.

Die weiteren in der Skizze der Abbildung FIGUR 1 benannten Ebenen und Konturen

sind in nachfolgender Liste aufgeführt:

MSO   Montagesockel zum handelsüblichen Fügen an Segelsurfbrett.

KLB   Konturlinie am Bug der Finne (Vorderliek)

KLH   Konturlinie am Heck der Finne (Achterliek)

KLRB   Konturlinie am Randbogen der Finne (Unterliek)

KLWQ   Konturlinie der Wirbelquelle der Finne

PRA   Profilachse

Durch die besondere Gestaltung der Kontur des Tragflügelendes wird die Form des querkraftbedingten und in den Nachlauf der Strömung vom Randbogen abfließenden Randwirbels kontrolliert. Die Kontur dient als kontrollierte Wirbelquelle.

Die Erfindung betrifft die Lehre und das geometrische Prinzip über eine fluidmechanisch wirksame Randbogenkontur an Tragflügelenden von Leit- und Steuerflächen für Seefahrzeuge, insbesondere Segelsurffinnen, deren Gestalt beschrieben und eindeutig definiert ist, wie folgt:

"WIRBELQUELLE [p1][p2]"

Die Wirbelquelle besitzt die Gestalt einer Rampenfunktion mit den Formparametern [p1][p2]. Der Parameter p1 sei der spezifische, auf die Profiltiefe t bezogene Abstand des Wirbelquellpunktes xk/t [%] längs der Profilachse.

Der Parameter p2 sei der spezifische, auf die Profiltiefe t bezogene Abstand von der Tragflügelkante bk/t [%] in Richtung der Tragflügelstreckung.

Das geometrische Prinzip wird lotrecht angewandt und bildet mit der Profilachse und der Richtung der Tragflügeltiefe ein Orthonormalsystem.

Physikalische Wirkungsweise

Die Umströmung des Randbogens einer Querkraft generierenden Tragfläche beginnt bereits zu Beginn der Weglänge entlang der Profilachse des (dreidimensionalen) Profils des Randbogens. Die Qualität des Wirbelkeims, der den Ort des Beginns des Eindrehens eines leewärtig abfließenden Wirbelzopfes markiert, ist von einer Reihe von komplex miteinander wechselwirkenden Prozess- und Randbedingungen abhängig.

Ungeachtet des komplexen Strömungsszenarios am Randbogen eines Tragflügels kann grundsätzlich gesagt werden, dass für jede an einem Strömungskörper anliegende Strömung eine konkave Geometrieänderung als Störquelle wirksam ist und den Vorgang einer Wirbelbildung anfacht (die Wirbel keimen). In einer idealisierten, ebenen Betrachtungsweise führt eine konkave Konturänderung an einem Strömungsprofil zu einer plötzlichen Verringerung der konturnahen Strömungsgeschwindigkeit und zu einem positiven Druckgradienten ebendort. Dies gilt auch für die räumliche Kantenumströmung am querkraftgenerierenden Tragflügel. Theoretische Überlegungen legen nun den Schluss nahe, dass insbesondere die Änderung der konturnahen Strömungsgeschwindigkeit ein sinnfälliges Modell einer Wirbelquelle liefert, wenn davon ausgegangen werden darf, dass in einer Schicht in endlicher Entfernung und senkrecht zur Strömungskörperoberfläche der Geschwin-digkeitseinbruch (es handelt sich also um eine Beschleunigung mit negativem Vorzeichen) weniger intensiv und auch zeitlich verschoben einsetzt. Ein örtlicher Geschwindigkeitsgradient stellt eine räumlich ausgedehnte beschleunigte Inversions-schicht bereit, wie sie von Prandtl, Tollmin, Schlichting, Helmholtz und Kelvin [1] als Ursache für die Wirbelbildung beschrieben wird (Kelvin-Helmholtz-Instabilität). Das kontrollierte Ablaufen des Randwirbels in Gestalt eines kompakten Wirbelfadens verleiht der Strömung im Nachlauf der Querkraft generierenden Tragfläche eine neue Qualität dadurch, dass seine (des Wirbels) mantelförmige Hüllfläche eine stabile, zylinderförmige Inversionsschicht darstellt, die eine geringe räumliche Ausdehnung besitzt, also kompakt ist. Die Strömung im Nachlauf der Querkraft generierenden Tragfläche wird nun weniger beeinflusst, als von einer nichtkompakten, diffusen Wirbelstruktur. Aus der Wirbelphysik ist bekannt, dass diejenigen Strömungsstruk-turen (Wirbel), die eine Strömung weniger „organisieren", energetisch vorteilhaft sind. Dieser Umstand wird mit einem geringeren Impulsaustausch einer Strömungsstruktur in einem fluidmechanischen Wechselwirkungsfeld begründet. Ein Beispiel aus der angewandten Strömungsmechanik ist das Einbringen chemischer Substanzen (natürlicher oder artifizieller Schleim) in einen Freistrahl mit dem Ziel, diese Strö-mungsstruktur über weitere Distanzen kompakt zu halten. Das Ergebnis ist ein verringerter Impulsaustausch und die Ursache einer Minderung des Reibungswider-stands. Das durch das Umströmungsgebaren bedingte Eindrehen des in den fluidischen Nachlauf abfließenden Randwirbels wird durch die konkave Kontur der Wirbelquelle angefacht. Dies führt zu einem kleinen Wirkradius des Wirbels und zu einer kompakten Struktur des Wirbelfadens.

Zirkulation $\qquad \Gamma = v_\Gamma \, r_\Gamma \quad [m^2 s^{-1}]$ wobei:

Zirkulationsgeschwindigkeit $\quad v_\Gamma \qquad [ms^{-1}]$ und

Wirkradius $\qquad r_\Gamma \qquad [m]$

Der vom Randwirbel induzierte Widerstand einer fluidmechanisch wirksamen Tragfläche ist größenordnungsmäßig von der Zirkulation TTdes Wirbels abhängig.
Ein kompakter Wirbelfaden ist deshalb energetisch vorteilhaft.

[1]   Hermann Schlichting, Erich Truckenbrodt - Aerodynamik des Flugzeugs 1. Und 2., Springer Verlag, Berlin 2001, ISBN 3-540-67374-1

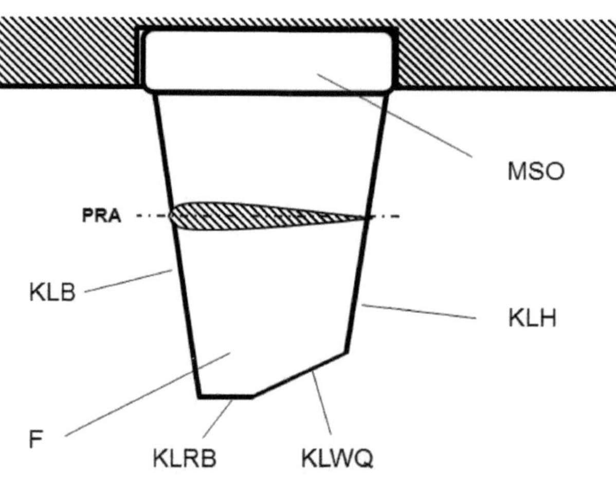

FIGUR 1

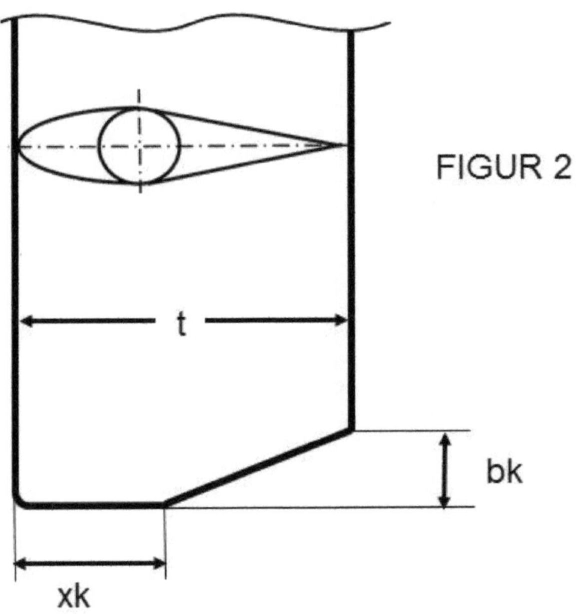

Schutzansprüche

Randbogenkontur für Segelsurffinne als Querkraft erzeugende Tragflügel mit Wirbelquelle dadurch gekennzeichnet,

dass die Randwirbel formende Kontur durch eine Rampenfunktion beschrieben wird.

Anhang 6 Reihenuntersuchung Profilkonturen

PLT0005

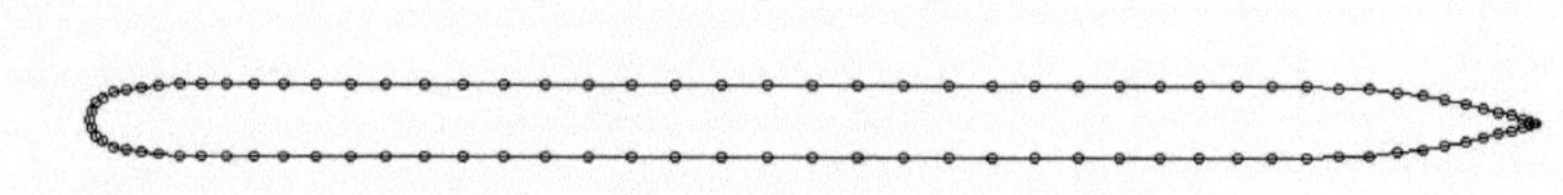

α	Ca	Cw	Cm 0.25	T.U.	T.L.	S.U.	S.L.	GZ	N.P.	D.P.
[°]	[-]	[-]	[-]	[-]	[-]	[-]	[-]	[-]	[-]	
-50,0	-0,107	0,98197	0,008	0,500	0,005	0,500	0,035	-0,109	0,258	0,321
-49,0	-0,112	0,95754	0,008	0,500	0,005	0,500	0,035	-0,117	0,256	0,318
-48,0	-0,116	0,92229	0,008	0,500	0,005	0,500	0,034	-0,126	0,254	0,316
-47,0	-0,121	0,88982	0,008	0,500	0,005	0,500	0,034	-0,136	0,251	0,313
-46,0	-0,127	0,85145	0,008	0,500	0,005	0,500	0,034	-0,149	0,249	0,311
-45,0	-0,132	0,82591	0,008	0,500	0,005	0,500	0,034	-0,160	0,342	0,308
-44,0	-0,138	0,80340	0,009	0,978	0,005	0,990	0,033	-0,172	0,333	0,313
-43,0	-0,145	0,78076	0,009	0,977	0,005	0,989	0,033	-0,186	0,243	0,310
-42,0	-0,152	0,74355	0,009	0,977	0,005	0,988	0,033	-0,205	0,242	0,307
-41,0	-0,160	0,71637	0,009	0,977	0,005	0,987	0,032	-0,224	0,241	0,304
-40,0	-0,169	0,68924	0,009	0,976	0,005	0,987	0,031	-0,245	0,241	0,301
-39,0	-0,178	0,66813	0,008	0,975	0,005	0,986	0,031	-0,266	0,240	0,297
-38,0	-0,188	0,63490	0,008	0,974	0,005	0,986	0,030	-0,296	0,238	0,294
-37,0	-0,199	0,60403	0,008	0,973	0,005	0,986	0,029	-0,329	0,238	0,291
-36,0	-0,211	0,58120	0,008	0,973	0,005	0,985	0,029	-0,363	0,239	0,288
-35,0	-0,224	0,55877	0,008	0,972	0,005	0,985	0,028	-0,400	0,239	0,285
-34,0	-0,238	0,53648	0,008	0,971	0,005	0,985	0,027	-0,443	0,239	0,283
-33,0	-0,253	0,51027	0,008	0,970	0,005	0,984	0,026	-0,496	0,238	0,280
-32,0	-0,270	0,49459	0,007	0,969	0,006	0,983	0,025	-0,546	0,240	0,277
-31,0	-0,289	0,46358	0,007	0,969	0,005	0,983	0,024	-0,623	0,241	0,275
-30,0	-0,309	0,44495	0,007	0,968	0,006	0,983	0,023	-0,694	0,241	0,273
-29,0	-0,331	0,42172	0,007	0,967	0,006	0,982	0,023	-0,784	0,241	0,271
-28,0	-0,352	0,38414	0,007	0,967	0,006	0,981	0,022	-0,917	0,241	0,269
-27,0	-0,375	0,36735	0,006	0,966	0,005	0,981	0,022	-1,020	0,242	0,267
-26,0	-0,399	0,34142	0,006	0,966	0,005	0,980	0,021	-1,170	0,242	0,266
-25,0	-0,426	0,31673	0,006	0,965	0,005	0,980	0,020	-1,344	0,242	0,264
-24,0	-0,454	0,30083	0,006	0,962	0,005	0,981	0,020	-1,508	0,243	0,263
-23,0	-0,483	0,27003	0,006	0,960	0,006	0,982	0,019	-1,790	0,243	0,262
-22,0	-0,515	0,25047	0,005	0,958	0,005	0,982	0,019	-2,056	0,244	0,261
-21,0	-0,548	0,23270	0,005	0,956	0,005	0,982	0,019	-2,353	0,244	0,260
-20,0	-0,581	0,20975	0,005	0,955	0,006	0,982	0,020	-2,772	0,246	0,259
-19,0	-0,616	0,18748	0,005	0,953	0,006	0,982	0,021	-3,285	0,245	0,258
-18,0	-0,650	0,17092	0,005	0,952	0,006	0,981	0,022	-3,800	0,244	0,257

-17,0	-0,682	0,15251	0,005	0,952	0,006	0,980	0,023	-4,471	0,244	0,257
-16,0	-0,712	0,13596	0,004	0,951	0,006	0,980	0,024	-5,233	0,243	0,256
-15,0	-0,737	0,12161	0,004	0,950	0,006	0,979	0,026	-6,059	0,242	0,256
-14,0	-0,756	0,10728	0,004	0,950	0,006	0,978	0,029	-7,051	0,239	0,255
-13,0	-0,768	0,09485	0,004	0,949	0,007	0,978	0,033	-8,098	0,223	0,255
-12,0	-0,770	0,08337	0,004	0,949	0,007	0,977	0,036	-9,239	0,309	0,255
-11,0	-0,761	0,07288	0,003	0,948	0,008	0,976	0,041	-10,445	0,264	0,254
-10,0	-0,740	0,06383	0,003	0,948	0,008	0,976	0,046	-11,593	0,258	0,254
-9,0	-0,706	0,05550	0,003	0,947	0,009	0,975	0,053	-12,730	0,255	0,254
-8,0	-0,662	0,04768	0,003	0,947	0,011	0,974	0,069	-13,874	0,253	0,254
-7,0	-0,607	0,04005	0,003	0,946	0,012	0,974	0,100	-15,154	0,153	0,254
-6,0	-0,653	0,00743	0,004	0,945	0,014	0,973	0,989	-87,914	0,243	0,255
-5,0	-0,558	0,00701	0,003	0,945	0,016	0,972	0,990	-79,555	0,256	0,255
-4,0	-0,453	0,00667	0,002	0,944	0,018	0,971	0,991	-67,977	0,256	0,255
-3,0	-0,344	0,00631	0,002	0,944	0,019	0,970	0,991	-54,472	0,255	0,255
-2,0	-0,231	0,00727	0,001	0,943	0,022	0,969	0,992	-31,757	0,255	0,255
-1,0	-0,116	0,00955	0,001	0,074	0,039	0,992	0,991	-12,153	0,255	0,255
0,0	0,000	0,00952	-0,000	0,047	0,047	0,992	0,992	0,000	0,255	0,250
1,0	0,116	0,00955	-0,001	0,039	0,074	0,991	0,992	12,153	0,255	0,255
2,0	0,231	0,00727	-0,001	0,022	0,943	0,992	0,969	31,757	0,255	0,255
3,0	0,344	0,00631	-0,002	0,019	0,944	0,991	0,970	54,472	0,255	0,255
4,0	0,453	0,00667	-0,002	0,018	0,944	0,991	0,971	67,977	0,256	0,255
5,0	0,558	0,00701	-0,003	0,016	0,945	0,990	0,972	79,555	0,256	0,255
6,0	0,653	0,00743	-0,004	0,014	0,945	0,989	0,973	87,914	0,243	0,255
7,0	0,607	0,04005	-0,003	0,012	0,946	0,100	0,974	15,154	0,153	0,254
8,0	0,662	0,04768	-0,003	0,011	0,947	0,069	0,974	13,874	0,253	0,254
9,0	0,706	0,05550	-0,003	0,009	0,947	0,053	0,975	12,730	0,255	0,254
10,0	0,740	0,06383	-0,003	0,008	0,948	0,046	0,976	11,593	0,258	0,254
11,0	0,761	0,07288	-0,003	0,008	0,948	0,041	0,976	10,445	0,264	0,254
12,0	0,770	0,08337	-0,004	0,007	0,949	0,036	0,977	9,239	0,309	0,255
13,0	0,768	0,09485	-0,004	0,007	0,949	0,033	0,978	8,098	0,223	0,255
14,0	0,756	0,10728	-0,004	0,006	0,950	0,029	0,978	7,051	0,239	0,255
15,0	0,737	0,12161	-0,004	0,006	0,950	0,026	0,979	6,059	0,242	0,256
16,0	0,712	0,13596	-0,004	0,006	0,951	0,024	0,980	5,233	0,243	0,256
17,0	0,682	0,15251	-0,005	0,006	0,952	0,023	0,980	4,471	0,244	0,257
18,0	0,650	0,17092	-0,005	0,006	0,952	0,022	0,981	3,800	0,244	0,257
19,0	0,616	0,18748	-0,005	0,006	0,953	0,021	0,982	3,285	0,245	0,258
20,0	0,581	0,20975	-0,005	0,006	0,955	0,020	0,982	2,772	0,246	0,259
21,0	0,548	0,23270	-0,005	0,005	0,956	0,019	0,982	2,353	0,244	0,260
22,0	0,515	0,25047	-0,005	0,005	0,958	0,019	0,982	2,056	0,244	0,261
23,0	0,483	0,27003	-0,006	0,006	0,960	0,019	0,982	1,790	0,243	0,262
24,0	0,454	0,30083	-0,006	0,005	0,962	0,020	0,981	1,508	0,243	0,263
25,0	0,426	0,31673	-0,006	0,005	0,965	0,020	0,980	1,344	0,242	0,264
26,0	0,399	0,34142	-0,006	0,005	0,966	0,021	0,980	1,170	0,242	0,266
27,0	0,375	0,36735	-0,006	0,005	0,966	0,022	0,981	1,020	0,242	0,267
28,0	0,352	0,38414	-0,007	0,006	0,967	0,022	0,981	0,917	0,241	0,269
29,0	0,331	0,42172	-0,007	0,006	0,967	0,023	0,982	0,784	0,241	0,271
30,0	0,309	0,44495	-0,007	0,006	0,968	0,023	0,983	0,694	0,241	0,273
31,0	0,289	0,46358	-0,007	0,005	0,969	0,024	0,983	0,623	0,241	0,275
32,0	0,270	0,49459	-0,007	0,006	0,969	0,025	0,983	0,546	0,240	0,277

33,0	0,253	0,51027	-0,008	0,005	0,970	0,026	0,984	0,496	0,238	0,280
34,0	0,238	0,53648	-0,008	0,005	0,971	0,027	0,985	0,443	0,239	0,283
35,0	0,224	0,55877	-0,008	0,005	0,972	0,028	0,985	0,400	0,239	0,285
36,0	0,211	0,58120	-0,008	0,005	0,973	0,029	0,985	0,363	0,239	0,288
37,0	0,199	0,60403	-0,008	0,005	0,973	0,029	0,986	0,329	0,238	0,291
38,0	0,188	0,63490	-0,008	0,005	0,974	0,030	0,986	0,296	0,238	0,294
39,0	0,178	0,66813	-0,008	0,005	0,975	0,031	0,986	0,266	0,240	0,297
40,0	0,169	0,68924	-0,009	0,005	0,976	0,031	0,987	0,245	0,241	0,301
41,0	0,160	0,71637	-0,009	0,005	0,977	0,032	0,987	0,224	0,241	0,304
42,0	0,152	0,74355	-0,009	0,005	0,977	0,033	0,988	0,205	0,242	0,307
43,0	0,145	0,78076	-0,009	0,005	0,977	0,033	0,989	0,186	0,243	0,310
44,0	0,138	0,80340	-0,009	0,005	0,978	0,033	0,990	0,172	0,333	0,313
45,0	0,132	0,82591	-0,008	0,005	0,500	0,034	0,500	0,160	0,342	0,308
46,0	0,127	0,85145	-0,008	0,005	0,500	0,034	0,500	0,149	0,249	0,311
47,0	0,121	0,88982	-0,008	0,005	0,500	0,034	0,500	0,136	0,251	0,313
48,0	0,116	0,92229	-0,008	0,005	0,500	0,034	0,500	0,126	0,254	0,316
49,0	0,112	0,95754	-0,008	0,005	0,500	0,035	0,500	0,117	0,255	0,318

Platte 0305

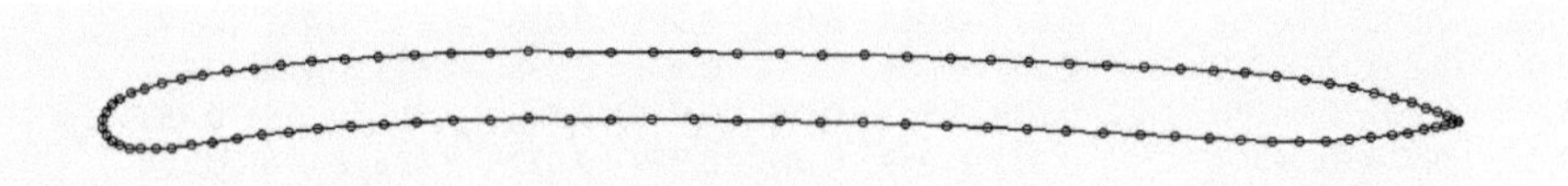

α	Ca	Cw	Cm 0.25	T.U.	T.L.	S.U.	S.L.	GZ	N.P.	D.P.
[°]	[-]	[-]	[-]	[-]	[-]	[-]	[-]	[-]	[-]	[-]
-50,0	-0,102	0,98396	-0,031	0,501	0,004	0,501	0,034	-0,103	0,315	-0,059
-49,0	-0,105	0,94365	-0,031	0,501	0,004	0,501	0,034	-0,112	0,312	-0,046
-48,0	-0,109	0,91523	-0,031	0,501	0,005	0,501	0,034	-0,120	0,305	-0,033
-47,0	-0,114	0,88917	-0,031	0,501	0,005	0,501	0,034	-0,128	-0,198	-0,020
-46,0	-0,118	0,85763	-0,035	0,977	0,005	0,987	0,033	-0,138	-0,165	-0,045
-45,0	-0,123	0,83656	-0,035	0,977	0,005	0,986	0,033	-0,147	0,294	-0,031
-44,0	-0,129	0,81104	-0,034	0,975	0,005	0,986	0,033	-0,159	0,292	-0,018
-43,0	-0,134	0,77232	-0,034	0,974	0,005	0,986	0,032	-0,174	0,291	-0,005
-42,0	-0,141	0,74109	-0,034	0,974	0,005	0,986	0,032	-0,190	0,286	0,008
-41,0	-0,147	0,71228	-0,034	0,973	0,005	0,986	0,032	-0,207	0,282	0,021
-40,0	-0,155	0,68600	-0,034	0,972	0,006	0,986	0,031	-0,225	0,281	0,033
-39,0	-0,162	0,67102	-0,033	0,971	0,006	0,985	0,031	-0,242	0,277	0,045
-38,0	-0,171	0,64200	-0,033	0,970	0,006	0,985	0,030	-0,266	0,276	0,056
-37,0	-0,180	0,60870	-0,033	0,970	0,006	0,985	0,029	-0,296	0,273	0,068
-36,0	-0,190	0,58608	-0,033	0,969	0,006	0,984	0,029	-0,324	0,273	0,078
-35,0	-0,201	0,55381	-0,032	0,968	0,006	0,984	0,028	-0,362	0,270	0,089
-34,0	-0,212	0,54724	-0,032	0,968	0,006	0,983	0,027	-0,388	0,266	0,098
-33,0	-0,225	0,52197	-0,032	0,967	0,007	0,982	0,027	-0,431	0,263	0,108
-32,0	-0,239	0,49499	-0,032	0,967	0,007	0,981	0,026	-0,482	0,262	0,117
-31,0	-0,254	0,45428	-0,032	0,966	0,007	0,981	0,025	-0,558	0,258	0,125
-30,0	-0,270	0,42784	-0,032	0,962	0,007	0,983	0,025	-0,631	0,251	0,133
-29,0	-0,287	0,41263	-0,032	0,959	0,007	0,985	0,025	-0,696	0,257	0,140
-28,0	-0,306	0,38141	-0,031	0,956	0,007	0,985	0,024	-0,803	0,257	0,148
-27,0	-0,327	0,35946	-0,031	0,953	0,007	0,986	0,023	-0,909	0,254	0,154
-26,0	-0,349	0,33683	-0,031	0,953	0,007	0,985	0,023	-1,035	0,255	0,161
-25,0	-0,372	0,31038	-0,031	0,952	0,007	0,984	0,022	-1,198	0,255	0,166
-24,0	-0,397	0,29239	-0,031	0,952	0,007	0,984	0,021	-1,357	0,265	0,172
-23,0	-0,423	0,26987	-0,030	0,951	0,007	0,983	0,019	-1,567	0,263	0,178
-22,0	-0,450	0,25004	-0,030	0,951	0,007	0,982	0,018	-1,801	0,251	0,183
-21,0	-0,478	0,22969	-0,030	0,950	0,007	0,981	0,018	-2,082	0,247	0,187
-20,0	-0,501	0,21068	-0,030	0,950	0,007	0,980	0,018	-2,379	0,243	0,189
-19,0	-0,523	0,18638	-0,031	0,949	0,007	0,979	0,018	-2,807	0,226	0,192
-18,0	-0,544	0,16942	-0,031	0,949	0,007	0,979	0,020	-3,210	0,216	0,192
-17,0	-0,561	0,15191	-0,032	0,948	0,007	0,978	0,022	-3,696	0,216	0,193
-16,0	-0,575	0,13644	-0,032	0,947	0,008	0,977	0,023	-4,217	0,187	0,194
-15,0	-0,584	0,12129	-0,033	0,947	0,008	0,976	0,025	-4,814	0,121	0,193
-14,0	-0,586	0,10716	-0,034	0,947	0,008	0,975	0,027	-5,465	0,469	0,192
-13,0	-0,579	0,09558	-0,034	0,946	0,008	0,974	0,028	-6,059	0,318	0,191

-12,0	-0,563	0,08433	-0,035	0,946	0,008	0,973	0,031	-6,681	0,290	0,187
-11,0	-0,537	0,07401	-0,036	0,945	0,009	0,972	0,033	-7,256	0,274	0,183
-10,0	-0,500	0,06507	-0,037	0,944	0,009	0,971	0,036	-7,677	0,267	0,176
-9,0	-0,451	0,05698	-0,037	0,944	0,011	0,971	0,038	-7,913	0,269	0,167
-8,0	-0,392	0,04986	-0,039	0,943	0,012	0,970	0,043	-7,858	0,275	0,151
-7,0	-0,323	0,04347	-0,041	0,943	0,013	0,969	0,052	-7,436	0,276	0,124
-6,0	-0,246	0,03797	-0,043	0,942	0,014	0,968	0,064	-6,487	0,282	0,077
-5,0	-0,163	0,03265	-0,046	0,941	0,015	0,967	0,089	-4,990	0,456	-0,031
-4,0	-0,089	0,00674	-0,075	0,941	0,018	0,967	0,992	-13,224	0,409	-0,591
-3,0	0,024	0,00650	-0,076	0,940	0,020	0,966	0,992	3,763	0,255	3,340
-2,0	0,140	0,00622	-0,076	0,939	0,023	0,965	0,992	22,552	0,256	0,793
-1,0	0,257	0,00600	-0,077	0,936	0,028	0,966	0,992	42,873	0,256	0,549
0,0	0,373	0,00579	-0,078	0,933	0,033	0,966	0,993	64,364	0,257	0,458
1,0	0,490	0,00807	-0,079	0,065	0,054	0,988	0,993	60,694	0,258	0,411
2,0	0,603	0,00836	-0,079	0,034	0,062	0,988	0,993	72,126	0,255	0,382
3,0	0,713	0,00710	-0,080	0,024	0,952	0,987	0,974	100,426	0,255	0,362
4,0	0,819	0,00759	-0,080	0,018	0,952	0,987	0,975	107,940	0,257	0,348
5,0	0,919	0,00808	-0,081	0,015	0,953	0,986	0,975	113,731	0,258	0,338
6,0	1,011	0,00865	-0,082	0,013	0,953	0,986	0,976	116,944	0,258	0,331
7,0	1,094	0,00776	-0,083	0,011	0,953	0,985	0,977	141,046	0,260	0,326
8,0	1,159	0,01430	-0,083	0,010	0,954	0,983	0,977	81,004	0,262	0,322
9,0	1,206	0,01562	-0,084	0,009	0,954	0,975	0,978	77,195	0,476	0,320
10,0	1,013	0,06068	-0,050	0,008	0,955	0,073	0,979	16,695	0,443	0,300
11,0	1,020	0,07064	-0,048	0,007	0,956	0,055	0,979	14,441	-2,446	0,297
12,0	1,015	0,08139	-0,046	0,007	0,956	0,042	0,980	12,466	0,376	0,295
13,0	0,999	0,09274	-0,046	0,006	0,957	0,038	0,981	10,771	0,274	0,296
14,0	0,973	0,10501	-0,045	0,006	0,957	0,035	0,982	9,264	0,265	0,296
15,0	0,938	0,11821	-0,045	0,005	0,958	0,031	0,983	7,938	0,259	0,298
16,0	0,898	0,13386	-0,044	0,005	0,958	0,029	0,983	6,708	0,255	0,299
17,0	0,853	0,14882	-0,044	0,005	0,959	0,027	0,984	5,733	0,255	0,302
18,0	0,806	0,16745	-0,044	0,004	0,960	0,026	0,984	4,815	0,255	0,304
19,0	0,758	0,18657	-0,044	0,004	0,961	0,024	0,985	4,065	0,257	0,308
20,0	0,711	0,20472	-0,043	0,004	0,961	0,022	0,985	3,473	0,256	0,311
21,0	0,665	0,22927	-0,043	0,004	0,962	0,020	0,986	2,901	0,251	0,315
22,0	0,621	0,25222	-0,043	0,004	0,963	0,020	0,986	2,463	0,248	0,319
23,0	0,579	0,27940	-0,043	0,004	0,964	0,019	0,986	2,074	0,255	0,325
24,0	0,537	0,30045	-0,043	0,004	0,966	0,018	0,986	1,788	0,247	0,330
25,0	0,496	0,32614	-0,043	0,003	0,967	0,018	0,987	1,520	0,232	0,338
26,0	0,458	0,35519	-0,044	0,003	0,969	0,019	0,987	1,289	0,232	0,347
27,0	0,423	0,37245	-0,045	0,003	0,970	0,020	0,987	1,136	0,232	0,356
28,0	0,392	0,40634	-0,045	0,003	0,972	0,020	0,986	0,964	0,234	0,366
29,0	0,363	0,42620	-0,046	0,003	0,975	0,021	0,986	0,852	0,232	0,376
30,0	0,337	0,46446	-0,046	0,003	0,975	0,021	0,986	0,725	0,229	0,388
31,0	0,313	0,48887	-0,047	0,003	0,976	0,022	0,986	0,640	0,227	0,400
32,0	0,292	0,51439	-0,047	0,003	0,977	0,022	0,987	0,567	0,222	0,413
33,0	0,272	0,54101	-0,048	0,003	0,977	0,023	0,987	0,503	0,218	0,426
34,0	0,254	0,57386	-0,049	0,003	0,978	0,024	0,988	0,443	0,210	0,441
35,0	0,238	0,60120	-0,049	0,003	0,978	0,025	0,988	0,396	0,210	0,457
36,0	0,223	0,62413	-0,050	0,003	0,979	0,026	0,989	0,358	0,210	0,473
37,0	0,210	0,66173	-0,050	0,003	0,980	0,026	0,990	0,317	0,204	0,490

38,0	0,198	0,68437	-0,051	0,003	0,980	0,027	0,990	0,289	0,208	0,508
39,0	0,186	0,70764	-0,051	0,003	0,981	0,028	0,990	0,263	0,212	0,526
40,0	0,176	0,74555	-0,052	0,003	0,982	0,028	0,991	0,236	0,206	0,545
41,0	0,166	0,78480	-0,052	0,003	0,983	0,029	0,991	0,212	0,208	0,564
42,0	0,158	0,79890	-0,053	0,003	0,984	0,029	0,991	0,197	0,211	0,583
43,0	0,150	0,82984	-0,053	0,003	0,985	0,029	0,991	0,180	0,209	0,604
44,0	0,142	0,85499	-0,053	0,003	0,985	0,030	0,992	0,167	0,651	0,624
45,0	0,136	0,89884	-0,047	0,002	0,531	0,030	0,531	0,151	0,689	0,599
46,0	0,129	0,92251	-0,048	0,002	0,531	0,030	0,531	0,140	0,215	0,617
47,0	0,124	0,95051	-0,048	0,002	0,531	0,030	0,531	0,130	0,214	0,636
48,0	0,118	0,98258	-0,048	0,002	0,531	0,031	0,531	0,120	0,213	0,655
49,0	0,113	1,01841	-0,048	0,002	0,531	0,031	0,531	0,111	0,213	0,675

Platte 0505

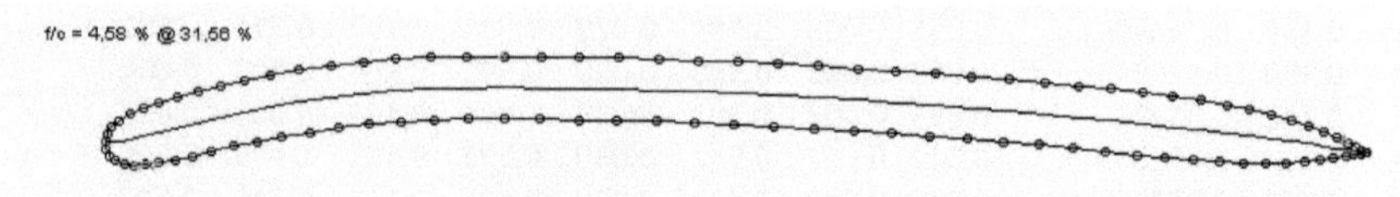

α	Ca	Cw	Cm 0.25		T.U.	T.L.	S.U.	S.L.	GZ	N.P.	D.P.
[°]	[-]	[-]	[-]	[-]	[-]	[-]	[-]	[-]	[-]	[-]	
-50,0	-0,099	0,92920		-0,057	0,501	0,005	0,501	0,036	-0,107	0,362	-0,319
-49,0	-0,103	0,91392		-0,056	0,501	0,005	0,501	0,035	-0,113	0,366	-0,296
-48,0	-0,107	0,87711		-0,056	0,501	0,005	0,501	0,035	-0,122	-0,699	-0,273
-47,0	-0,111	0,87159		-0,063	0,973	0,005	0,988	0,035	-0,127	-0,631	-0,324
-46,0	-0,115	0,84249		-0,063	0,972	0,005	0,988	0,034	-0,136	0,357	-0,298
-45,0	-0,119	0,81928		-0,062	0,971	0,005	0,988	0,034	-0,146	0,346	-0,274
-44,0	-0,124	0,78132		-0,062	0,970	0,005	0,987	0,034	-0,159	0,337	-0,249
-43,0	-0,129	0,75483		-0,062	0,969	0,005	0,987	0,033	-0,172	0,328	-0,226
-42,0	-0,135	0,73491		-0,061	0,968	0,005	0,987	0,033	-0,184	0,320	-0,203
-41,0	-0,141	0,69930		-0,061	0,967	0,005	0,987	0,032	-0,202	0,313	-0,181
-40,0	-0,148	0,68284		-0,060	0,966	0,006	0,987	0,032	-0,216	0,312	-0,159
-39,0	-0,155	0,65323		-0,060	0,965	0,006	0,987	0,031	-0,237	0,311	-0,137
-38,0	-0,162	0,62948		-0,060	0,964	0,006	0,986	0,031	-0,258	0,309	-0,117
-37,0	-0,170	0,59749		-0,059	0,963	0,006	0,986	0,030	-0,285	0,303	-0,096
-36,0	-0,179	0,60044		-0,059	0,962	0,006	0,986	0,029	-0,299	0,289	-0,077
-35,0	-0,189	0,57896		-0,058	0,961	0,006	0,986	0,029	-0,326	0,289	-0,059
-34,0	-0,199	0,53168		-0,058	0,960	0,007	0,986	0,028	-0,374	0,293	-0,041
-33,0	-0,210	0,50192		-0,057	0,959	0,007	0,985	0,027	-0,419	0,286	-0,023
-32,0	-0,222	0,48143		-0,057	0,959	0,007	0,984	0,027	-0,461	0,282	-0,007
-31,0	-0,235	0,45191		-0,057	0,958	0,007	0,984	0,026	-0,520	0,279	0,009
-30,0	-0,249	0,42163		-0,056	0,957	0,007	0,983	0,025	-0,590	0,273	0,024
-29,0	-0,264	0,40677		-0,056	0,957	0,007	0,982	0,025	-0,648	0,265	0,038
-28,0	-0,280	0,37517		-0,056	0,956	0,007	0,981	0,024	-0,745	0,269	0,050
-27,0	-0,297	0,35117		-0,055	0,955	0,008	0,980	0,023	-0,845	0,272	0,064
-26,0	-0,315	0,32715		-0,055	0,955	0,008	0,979	0,023	-0,962	0,263	0,075
-25,0	-0,334	0,30812		-0,055	0,954	0,008	0,978	0,022	-1,083	0,275	0,086
-24,0	-0,354	0,28666		-0,054	0,953	0,008	0,978	0,021	-1,234	0,276	0,097
-23,0	-0,374	0,26804		-0,054	0,952	0,008	0,978	0,020	-1,397	0,271	0,106
-22,0	-0,395	0,24865		-0,053	0,951	0,008	0,977	0,019	-1,591	0,267	0,116
-21,0	-0,417	0,22488		-0,053	0,950	0,008	0,976	0,019	-1,853	0,251	0,123
-20,0	-0,437	0,20690		-0,053	0,949	0,008	0,975	0,019	-2,114	0,248	0,129
-19,0	-0,457	0,18994		-0,053	0,949	0,008	0,974	0,018	-2,404	0,247	0,134
-18,0	-0,474	0,16887		-0,053	0,948	0,008	0,973	0,018	-2,805	0,201	0,138
-17,0	-0,483	0,15429		-0,054	0,947	0,008	0,972	0,020	-3,128	0,109	0,137
-16,0	-0,486	0,13603		-0,055	0,946	0,008	0,971	0,021	-3,574	-0,937	0,137
-15,0	-0,484	0,12149		-0,056	0,945	0,009	0,970	0,022	-3,982	0,395	0,135

-14,0	-0,474	0,10798	-0,057	0,945	0,009	0,970	0,024	-4,392	0,322	0,130
-13,0	-0,456	0,09608	-0,058	0,944	0,009	0,969	0,025	-4,750	0,295	0,123
-12,0	-0,429	0,08501	-0,059	0,943	0,009	0,968	0,027	-5,048	0,282	0,113
-11,0	-0,392	0,07459	-0,060	0,943	0,009	0,968	0,029	-5,252	0,278	0,097
-10,0	-0,344	0,06569	-0,061	0,942	0,010	0,967	0,032	-5,235	0,278	0,072
-9,0	-0,286	0,05756	-0,063	0,941	0,010	0,966	0,035	-4,967	0,277	0,030
-8,0	-0,218	0,05040	-0,064	0,937	0,011	0,968	0,039	-4,330	0,270	-0,045
-7,0	-0,142	0,04441	-0,066	0,934	0,013	0,968	0,042	-3,199	0,274	-0,212
-6,0	-0,059	0,03906	-0,068	0,931	0,014	0,969	0,049	-1,507	0,285	-0,909
-5,0	0,030	0,03438	-0,072	0,928	0,016	0,969	0,061	0,874	0,295	2,635
-4,0	0,124	0,03016	-0,076	0,926	0,017	0,969	0,082	4,097	0,314	0,868
-3,0	0,222	0,02560	-0,084	0,924	0,021	0,969	0,128	8,655	0,444	0,629
-2,0	0,386	0,00595	-0,127	0,922	0,022	0,968	0,994	64,842	0,406	0,580
-1,0	0,505	0,00582	-0,128	0,920	0,025	0,967	0,994	86,712	0,257	0,504
0,0	0,620	0,00570	-0,129	0,918	0,029	0,966	0,994	108,599	0,259	0,458
1,0	0,737	0,00573	-0,130	0,653	0,043	0,986	0,994	128,587	0,260	0,427
2,0	0,850	0,00872	-0,131	0,066	0,052	0,986	0,994	97,453	0,258	0,404
3,0	0,960	0,00921	-0,132	0,033	0,084	0,986	0,994	104,232	0,256	0,388
4,0	1,065	0,00856	-0,132	0,019	0,956	0,985	0,974	124,328	0,256	0,374
5,0	1,163	0,01313	-0,133	0,016	0,957	0,984	0,975	88,568	0,259	0,365
6,0	1,252	0,01413	-0,134	0,013	0,958	0,983	0,975	88,603	0,261	0,357
7,0	1,328	0,01525	-0,135	0,012	0,958	0,981	0,976	87,101	0,264	0,352
8,0	1,386	0,01659	-0,136	0,009	0,959	0,979	0,977	83,552	0,269	0,348
9,0	1,426	0,01810	-0,137	0,008	0,960	0,976	0,977	78,771	0,279	0,346
10,0	1,446	0,01970	-0,138	0,007	0,960	0,971	0,978	73,369	0,457	0,345
11,0	1,197	0,06577	-0,089	0,006	0,961	0,108	0,979	18,193	0,455	0,325
12,0	1,171	0,07924	-0,081	0,005	0,962	0,065	0,980	14,781	0,447	0,320
13,0	1,141	0,09121	-0,078	0,004	0,962	0,052	0,980	12,513	0,330	0,319
14,0	1,101	0,10427	-0,076	0,004	0,963	0,043	0,980	10,562	0,294	0,319
15,0	1,054	0,11799	-0,075	0,003	0,964	0,038	0,981	8,935	0,281	0,321
16,0	1,001	0,13343	-0,073	0,003	0,964	0,032	0,983	7,502	0,274	0,323
17,0	0,945	0,14857	-0,072	0,003	0,965	0,029	0,984	6,360	0,265	0,326
18,0	0,887	0,16747	-0,071	0,003	0,965	0,027	0,984	5,297	0,266	0,330
19,0	0,829	0,18610	-0,070	0,003	0,966	0,024	0,985	4,457	0,264	0,334
20,0	0,773	0,20761	-0,069	0,002	0,966	0,022	0,985	3,724	0,267	0,340
21,0	0,719	0,22604	-0,068	0,002	0,967	0,020	0,986	3,181	0,260	0,345
22,0	0,668	0,25071	-0,068	0,002	0,968	0,019	0,986	2,665	0,254	0,352
23,0	0,620	0,27557	-0,068	0,002	0,968	0,018	0,987	2,251	0,251	0,359
24,0	0,576	0,29943	-0,068	0,002	0,969	0,018	0,987	1,923	0,238	0,369
25,0	0,535	0,32484	-0,069	0,002	0,970	0,018	0,988	1,646	0,239	0,379
26,0	0,497	0,34992	-0,069	0,002	0,971	0,018	0,989	1,419	0,233	0,389
27,0	0,459	0,37418	-0,070	0,002	0,972	0,018	0,989	1,227	0,226	0,403
28,0	0,423	0,40142	-0,071	0,002	0,972	0,019	0,990	1,055	0,227	0,417
29,0	0,391	0,42973	-0,072	0,002	0,973	0,019	0,990	0,910	0,225	0,433
30,0	0,362	0,45366	-0,072	0,002	0,975	0,020	0,990	0,797	0,215	0,450
31,0	0,335	0,48819	-0,074	0,002	0,975	0,021	0,991	0,687	0,209	0,470
32,0	0,311	0,51249	-0,075	0,002	0,976	0,022	0,991	0,607	0,220	0,489
33,0	0,289	0,54372	-0,075	0,002	0,977	0,022	0,991	0,532	0,217	0,509
34,0	0,270	0,57555	-0,076	0,002	0,978	0,022	0,992	0,469	0,201	0,531
35,0	0,252	0,60505	-0,077	0,002	0,980	0,023	0,992	0,416	0,193	0,555

36,0	0,236	0,64042	-0,078	0,002	0,981	0,024	0,992	0,368	0,189	0,580
37,0	0,221	0,66433	-0,079	0,002	0,983	0,025	0,992	0,333	0,184	0,607
38,0	0,207	0,68923	-0,080	0,002	0,984	0,026	0,992	0,301	0,188	0,634
39,0	0,195	0,71873	-0,080	0,002	0,984	0,026	0,992	0,272	0,188	0,662
40,0	0,184	0,75364	-0,081	0,002	0,985	0,027	0,993	0,244	0,184	0,691
41,0	0,174	0,78059	-0,082	0,002	0,986	0,027	0,994	0,223	0,185	0,721
42,0	0,164	0,80769	-0,082	0,002	0,987	0,028	0,994	0,203	0,187	0,752
43,0	0,156	0,83539	-0,083	0,002	0,988	0,028	0,995	0,186	0,778	0,783
44,0	0,148	0,86654	-0,074	0,002	0,531	0,029	0,531	0,170	0,831	0,749
45,0	0,140	0,91122	-0,074	0,002	0,531	0,029	0,531	0,154	0,192	0,778
46,0	0,134	0,92357	-0,074	0,002	0,531	0,029	0,531	0,145	0,189	0,807
47,0	0,127	0,97883	-0,075	0,002	0,531	0,030	0,531	0,130	0,186	0,838
48,0	0,122	1,00035	-0,075	0,002	0,531	0,030	0,531	0,122	0,193	0,868
49,0	0,116	1,03433	-0,076	0,002	0,531	0,030	0,531	0,113	0,192	0,899

NACA 0010

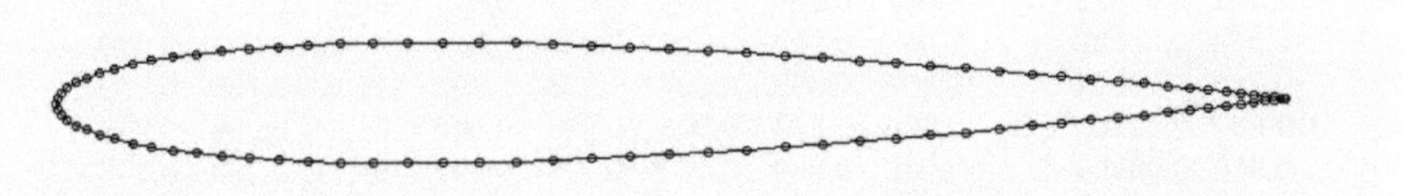

α [°]	Ca [-]	Cw [-]	Cm 0.25 [-]	T.U. [-]	T.L. [-]	S.U. [-]	S.L. [-]	GZ [-]	N.P. [-]	D.P.
-50,0	-0,077	1,05321	0,012	0,500	0,001	0,500	0,030	-0,073	0,256	0,406
-49,0	-0,081	1,02633	0,012	0,500	0,001	0,500	0,030	-0,079	0,254	0,399
-48,0	-0,084	1,00131	0,012	0,500	0,001	0,500	0,029	-0,084	0,247	0,393
-47,0	-0,089	0,96479	0,012	0,500	0,001	0,500	0,028	-0,092	0,244	0,386
-46,0	-0,093	0,93273	0,012	0,500	0,001	0,500	0,028	-0,100	0,437	0,379
-45,0	-0,098	0,91506	0,014	0,997	0,001	0,997	0,028	-0,107	0,422	0,391
-44,0	-0,103	0,88218	0,014	0,997	0,001	0,997	0,027	-0,117	0,242	0,383
-43,0	-0,109	0,84726	0,014	0,997	0,001	0,997	0,027	-0,128	0,235	0,376
-42,0	-0,115	0,81180	0,014	0,997	0,001	0,997	0,026	-0,141	0,235	0,368
-41,0	-0,121	0,78244	0,013	0,997	0,001	0,997	0,026	-0,155	0,235	0,361
-40,0	-0,129	0,75180	0,013	0,997	0,001	0,997	0,025	-0,171	0,232	0,353
-39,0	-0,137	0,71610	0,013	0,997	0,001	0,997	0,025	-0,191	0,233	0,346
-38,0	-0,146	0,69259	0,013	0,997	0,001	0,997	0,025	-0,211	0,234	0,339
-37,0	-0,156	0,66024	0,013	0,997	0,001	0,997	0,024	-0,236	0,233	0,333
-36,0	-0,166	0,61668	0,013	0,997	0,001	0,997	0,024	-0,270	0,233	0,326
-35,0	-0,178	0,58620	0,012	0,997	0,001	0,997	0,023	-0,304	0,233	0,320
-34,0	-0,191	0,55886	0,012	0,997	0,001	0,997	0,023	-0,342	0,233	0,314
-33,0	-0,206	0,52396	0,012	0,997	0,002	0,997	0,022	-0,393	0,235	0,308
-32,0	-0,222	0,50329	0,012	0,997	0,002	0,997	0,022	-0,441	0,236	0,303
-31,0	-0,240	0,46802	0,012	0,997	0,002	0,997	0,022	-0,512	0,238	0,298
-30,0	-0,260	0,43587	0,011	0,997	0,002	0,997	0,022	-0,596	0,238	0,294
-29,0	-0,282	0,41343	0,011	0,996	0,002	0,997	0,021	-0,681	0,238	0,289
-28,0	-0,306	0,38480	0,011	0,991	0,002	0,997	0,021	-0,796	0,239	0,285
-27,0	-0,333	0,35941	0,011	0,990	0,002	0,997	0,021	-0,928	0,238	0,282
-26,0	-0,364	0,33024	0,010	0,990	0,002	0,997	0,020	-1,101	0,239	0,278
-25,0	-0,397	0,30709	0,010	0,989	0,002	0,997	0,019	-1,293	0,240	0,275
-24,0	-0,434	0,28440	0,009	0,989	0,002	0,997	0,018	-1,526	0,240	0,272
-23,0	-0,474	0,26209	0,009	0,988	0,002	0,997	0,017	-1,810	0,241	0,269
-22,0	-0,518	0,24366	0,009	0,987	0,002	0,997	0,017	-2,128	0,243	0,267
-21,0	-0,566	0,22173	0,008	0,987	0,002	0,997	0,017	-2,553	0,243	0,265
-20,0	-0,612	0,19996	0,008	0,986	0,002	0,997	0,017	-3,060	0,242	0,263
-19,0	-0,656	0,18308	0,008	0,985	0,002	0,997	0,016	-3,583	0,240	0,262
-18,0	-0,700	0,16461	0,007	0,985	0,002	0,997	0,014	-4,252	0,242	0,260
-17,0	-0,743	0,14871	0,007	0,978	0,002	0,997	0,016	-4,995	0,245	0,259
-16,0	-0,782	0,13215	0,007	0,974	0,003	0,997	0,018	-5,919	0,244	0,259
-15,0	-0,816	0,11691	0,006	0,973	0,003	0,997	0,020	-6,979	0,242	0,258
-14,0	-0,841	0,10293	0,006	0,972	0,004	0,997	0,022	-8,171	0,238	0,257
-13,0	-0,856	0,09023	0,006	0,970	0,004	0,997	0,026	-9,484	0,246	0,257
-12,0	-0,860	0,07867	0,006	0,968	0,004	0,996	0,042	-10,926	0,327	0,257
-11,0	-0,877	0,05528	0,008	0,967	0,005	0,996	0,195	-15,864	0,276	0,259

-10,0	-0,992	0,01568	0,009	0,938	0,005	0,997	0,923	-63,288	0,265	0,260
-9,0	-0,947	0,01373	0,009	0,934	0,005	0,997	0,971	-68,918	0,265	0,259
-8,0	-0,874	0,01088	0,008	0,903	0,006	0,998	0,986	-80,281	0,261	0,259
-7,0	-0,785	0,00991	0,007	0,899	0,007	0,998	0,991	-79,205	0,260	0,259
-6,0	-0,687	0,01109	0,006	0,894	0,008	0,998	0,997	-61,947	0,259	0,259
-5,0	-0,580	0,00999	0,005	0,889	0,022	0,998	0,997	-58,113	0,259	0,258
-4,0	-0,469	0,00894	0,004	0,841	0,059	0,998	0,997	-52,422	0,259	0,258
-3,0	-0,354	0,00693	0,003	0,792	0,300	0,998	0,997	-51,020	0,258	0,258
-2,0	-0,236	0,00657	0,002	0,720	0,373	0,998	0,998	-35,992	0,258	0,258
-1,0	-0,118	0,00610	0,001	0,652	0,501	0,998	0,998	-19,415	0,258	0,258
0,0	0,000	0,00599	-0,000	0,577	0,577	0,998	0,998	0,000	0,258	0,250
1,0	0,118	0,00610	-0,001	0,501	0,652	0,998	0,998	19,415	0,258	0,258
2,0	0,236	0,00657	-0,002	0,373	0,720	0,998	0,998	35,992	0,258	0,258
3,0	0,354	0,00693	-0,003	0,300	0,792	0,997	0,998	51,020	0,258	0,258
4,0	0,469	0,00894	-0,004	0,059	0,841	0,997	0,998	52,422	0,259	0,258
5,0	0,580	0,00999	-0,005	0,022	0,889	0,997	0,998	58,113	0,259	0,258
6,0	0,687	0,01109	-0,006	0,008	0,894	0,997	0,998	61,947	0,259	0,259
7,0	0,785	0,00991	-0,007	0,007	0,899	0,991	0,998	79,205	0,260	0,259
8,0	0,874	0,01088	-0,008	0,006	0,903	0,986	0,998	80,281	0,261	0,259
9,0	0,947	0,01373	-0,009	0,005	0,934	0,971	0,997	68,918	0,265	0,259
10,0	0,992	0,01568	-0,009	0,005	0,938	0,923	0,997	63,288	0,265	0,260
11,0	0,877	0,05528	-0,008	0,005	0,967	0,195	0,996	15,864	0,276	0,259
12,0	0,860	0,07867	-0,006	0,004	0,968	0,042	0,996	10,926	0,327	0,257
13,0	0,856	0,09023	-0,006	0,004	0,970	0,026	0,997	9,484	0,246	0,257
14,0	0,841	0,10293	-0,006	0,004	0,972	0,022	0,997	8,171	0,238	0,257
15,0	0,816	0,11691	-0,006	0,003	0,973	0,020	0,997	6,979	0,242	0,258
16,0	0,782	0,13215	-0,007	0,003	0,974	0,018	0,997	5,919	0,244	0,259
17,0	0,743	0,14871	-0,007	0,002	0,978	0,016	0,997	4,995	0,245	0,259
18,0	0,700	0,16461	-0,007	0,002	0,985	0,014	0,997	4,252	0,242	0,260
19,0	0,656	0,18308	-0,008	0,002	0,985	0,016	0,997	3,583	0,240	0,262
20,0	0,612	0,19996	-0,008	0,002	0,986	0,017	0,997	3,060	0,242	0,263
21,0	0,566	0,22173	-0,008	0,002	0,987	0,017	0,997	2,553	0,243	0,265
22,0	0,518	0,24366	-0,009	0,002	0,987	0,017	0,997	2,128	0,243	0,267
23,0	0,474	0,26209	-0,009	0,002	0,988	0,017	0,997	1,810	0,241	0,269
24,0	0,434	0,28440	-0,009	0,002	0,989	0,018	0,997	1,526	0,240	0,272
25,0	0,397	0,30709	-0,010	0,002	0,989	0,019	0,997	1,293	0,240	0,275
26,0	0,364	0,33024	-0,010	0,002	0,990	0,020	0,997	1,101	0,239	0,278
27,0	0,333	0,35941	-0,011	0,002	0,990	0,021	0,997	0,928	0,238	0,282
28,0	0,306	0,38480	-0,011	0,002	0,991	0,021	0,997	0,796	0,239	0,285
29,0	0,282	0,41343	-0,011	0,002	0,996	0,021	0,997	0,681	0,238	0,289
30,0	0,260	0,43587	-0,011	0,002	0,997	0,022	0,997	0,596	0,238	0,294
31,0	0,240	0,46802	-0,012	0,002	0,997	0,022	0,997	0,512	0,238	0,298
32,0	0,222	0,50329	-0,012	0,002	0,997	0,022	0,997	0,441	0,236	0,303
33,0	0,206	0,52396	-0,012	0,002	0,997	0,022	0,997	0,393	0,235	0,308
34,0	0,191	0,55886	-0,012	0,001	0,997	0,023	0,997	0,342	0,233	0,314
35,0	0,178	0,58620	-0,012	0,001	0,997	0,023	0,997	0,304	0,233	0,320
36,0	0,166	0,61668	-0,013	0,001	0,997	0,024	0,997	0,270	0,233	0,326
37,0	0,156	0,66024	-0,013	0,001	0,997	0,024	0,997	0,236	0,233	0,333
38,0	0,146	0,69259	-0,013	0,001	0,997	0,025	0,997	0,211	0,234	0,339
39,0	0,137	0,71610	-0,013	0,001	0,997	0,025	0,997	0,191	0,233	0,346

40,0	0,129	0,75180	-0,013	0,001	0,997	0,025	0,997	0,171	0,232	0,353
41,0	0,121	0,78244	-0,013	0,001	0,997	0,026	0,997	0,155	0,235	0,361
42,0	0,115	0,81180	-0,014	0,001	0,997	0,026	0,997	0,141	0,235	0,368
43,0	0,109	0,84726	-0,014	0,001	0,997	0,027	0,997	0,128	0,235	0,376
44,0	0,103	0,88218	-0,014	0,001	0,997	0,027	0,997	0,117	0,242	0,383
45,0	0,098	0,91506	-0,014	0,001	0,997	0,028	0,997	0,107	0,422	0,391
46,0	0,093	0,93273	-0,012	0,001	0,500	0,028	0,500	0,100	0,437	0,379
47,0	0,089	0,96479	-0,012	0,001	0,500	0,028	0,500	0,092	0,244	0,386
48,0	0,084	1,00131	-0,012	0,001	0,500	0,029	0,500	0,084	0,247	0,393
49,0	0,081	1,02633	-0,012	0,001	0,500	0,030	0,500	0,079	0,251	0,399

NACA 5410

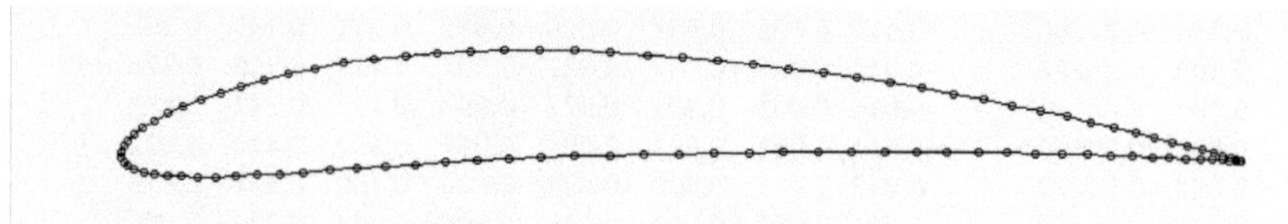

α	Ca	Cw	Cm 0.25		T.U.	T.L.	S.U.	S.L.	GZ	N.P.	D.P.
[°]	[-]	[-]	[-]	[-]	[-]	[-]	[-]	[-]	[-]	[-]	
-50,0	-0,065	0,95568		-0,054	0,501	0,003	0,502	0,033	-0,068	0,548	-0,584
-49,0	-0,068	0,92207		-0,054	0,501	0,003	0,502	0,032	-0,073	-0,922	-0,541
-48,0	-0,070	0,91182		-0,061	0,986	0,003	0,989	0,032	-0,077	-0,826	-0,610
-47,0	-0,073	0,87609		-0,060	0,986	0,002	0,990	0,031	-0,084	0,517	-0,563
-46,0	-0,077	0,85162		-0,059	0,985	0,002	0,990	0,030	-0,090	0,464	-0,518
-45,0	-0,080	0,83413		-0,058	0,985	0,002	0,989	0,030	-0,096	0,430	-0,477
-44,0	-0,084	0,78563		-0,058	0,985	0,002	0,989	0,030	-0,107	0,410	-0,437
-43,0	-0,088	0,75883		-0,057	0,985	0,002	0,989	0,029	-0,116	0,381	-0,398
-42,0	-0,092	0,73664		-0,057	0,985	0,002	0,989	0,029	-0,125	0,365	-0,362
-41,0	-0,097	0,70783		-0,056	0,984	0,002	0,989	0,029	-0,137	0,351	-0,326
-40,0	-0,102	0,69047		-0,056	0,983	0,002	0,990	0,029	-0,148	0,348	-0,292
-39,0	-0,108	0,65286		-0,055	0,982	0,002	0,990	0,028	-0,165	0,336	-0,259
-38,0	-0,114	0,63388		-0,054	0,982	0,002	0,990	0,028	-0,180	0,325	-0,227
-37,0	-0,121	0,60592		-0,054	0,981	0,002	0,990	0,027	-0,199	0,322	-0,197
-36,0	-0,128	0,58344		-0,053	0,979	0,002	0,991	0,027	-0,220	0,313	-0,167
-35,0	-0,136	0,55501		-0,053	0,978	0,002	0,991	0,027	-0,245	0,311	-0,139
-34,0	-0,145	0,52627		-0,052	0,977	0,002	0,991	0,026	-0,275	0,303	-0,112
-33,0	-0,154	0,49922		-0,052	0,976	0,002	0,991	0,025	-0,309	0,296	-0,087
-32,0	-0,165	0,47348		-0,052	0,975	0,002	0,990	0,025	-0,348	0,295	-0,063
-31,0	-0,176	0,45391		-0,051	0,975	0,002	0,991	0,024	-0,388	0,289	-0,040
-30,0	-0,189	0,43156		-0,051	0,974	0,002	0,990	0,023	-0,438	0,293	-0,018
-29,0	-0,203	0,39875		-0,050	0,973	0,002	0,990	0,022	-0,508	0,296	0,003
-28,0	-0,218	0,37901		-0,049	0,971	0,002	0,990	0,021	-0,574	0,291	0,024
-27,0	-0,234	0,35105		-0,049	0,970	0,003	0,990	0,020	-0,667	0,270	0,042
-26,0	-0,252	0,33087		-0,049	0,969	0,003	0,990	0,020	-0,762	0,262	0,057
-25,0	-0,272	0,30332		-0,048	0,968	0,003	0,989	0,019	-0,895	0,262	0,072
-24,0	-0,293	0,28612		-0,048	0,967	0,003	0,989	0,019	-1,023	0,264	0,086
-23,0	-0,315	0,26208		-0,048	0,966	0,003	0,989	0,018	-1,203	0,264	0,099
-22,0	-0,339	0,24165		-0,047	0,959	0,003	0,991	0,017	-1,404	0,268	0,110
-21,0	-0,365	0,22221		-0,047	0,954	0,003	0,992	0,016	-1,641	0,277	0,122
-20,0	-0,390	0,20300		-0,046	0,940	0,003	0,993	0,015	-1,923	0,269	0,132
-19,0	-0,416	0,18590		-0,046	0,935	0,003	0,993	0,014	-2,239	0,276	0,140
-18,0	-0,441	0,17124		-0,045	0,931	0,003	0,993	0,012	-2,575	0,289	0,149
-17,0	-0,463	0,15449		-0,044	0,927	0,003	0,993	0,011	-2,998	0,235	0,155
-16,0	-0,476	0,13659		-0,045	0,922	0,003	0,994	0,012	-3,486	0,132	0,155

-15,0	-0,482	0,12070	-0,046	0,911	0,004	0,994	0,013	-3,994	-0,373	0,154
-14,0	-0,480	0,10813	-0,048	0,886	0,004	0,995	0,016	-4,441	0,520	0,151
-13,0	-0,469	0,09414	-0,050	0,878	0,004	0,996	0,018	-4,979	0,371	0,144
-12,0	-0,446	0,08309	-0,052	0,870	0,004	0,996	0,022	-5,371	0,330	0,134
-11,0	-0,411	0,07283	-0,054	0,857	0,004	0,996	0,027	-5,650	0,315	0,118
-10,0	-0,364	0,06355	-0,057	0,840	0,005	0,996	0,034	-5,731	0,310	0,093
-9,0	-0,305	0,05529	-0,061	0,820	0,006	0,997	0,044	-5,512	0,334	0,051
-8,0	-0,235	0,04673	-0,068	0,781	0,007	0,997	0,075	-5,033	0,444	-0,039
-7,0	-0,161	0,02964	-0,088	0,760	0,008	0,997	0,268	-5,444	0,560	-0,298
-6,0	-0,081	0,00870	-0,116	0,747	0,009	0,997	0,998	-9,276	0,396	-1,187
-5,0	0,033	0,00935	-0,117	0,703	0,012	0,997	0,999	3,573	0,259	3,751
-4,0	0,151	0,00903	-0,118	0,652	0,016	0,997	0,999	16,704	0,259	1,032
-3,0	0,270	0,00878	-0,119	0,623	0,024	0,997	1,000	30,740	0,259	0,691
-2,0	0,390	0,00843	-0,120	0,598	0,056	0,997	1,000	46,241	0,259	0,558
-1,0	0,509	0,00819	-0,121	0,520	0,065	0,996	1,000	62,141	0,260	0,488
0,0	0,626	0,00879	-0,122	0,451	0,160	0,995	1,000	71,269	0,260	0,446
1,0	0,744	0,00686	-0,124	0,404	0,969	0,995	0,999	108,398	0,260	0,416
2,0	0,861	0,00716	-0,125	0,396	0,978	0,994	0,999	120,297	0,261	0,395
3,0	0,977	0,00745	-0,126	0,388	0,980	0,993	0,999	131,276	0,261	0,379
4,0	1,092	0,00782	-0,127	0,380	0,983	0,992	0,999	139,721	0,261	0,367
5,0	1,202	0,00781	-0,129	0,335	0,993	0,990	0,999	153,887	0,262	0,357
6,0	1,305	0,00836	-0,130	0,320	0,993	0,988	0,999	156,155	0,261	0,350
7,0	1,393	0,01567	-0,131	0,022	0,994	0,964	1,000	88,904	0,260	0,344
8,0	1,471	0,01755	-0,132	0,008	0,995	0,948	0,999	83,841	0,264	0,340
9,0	1,533	0,01945	-0,133	0,005	0,996	0,931	1,000	78,845	0,269	0,337
10,0	1,569	0,02160	-0,134	0,004	1,000	0,912	1,000	72,613	0,283	0,335
11,0	1,577	0,02422	-0,134	0,003	1,000	0,882	1,000	65,124	0,095	0,335
12,0	1,562	0,02727	-0,135	0,003	1,000	0,851	1,000	57,272	0,244	0,336
13,0	1,518	0,03148	-0,134	0,002	1,000	0,801	1,000	48,222	0,263	0,339
14,0	1,446	0,03816	-0,133	0,002	1,000	0,722	1,000	37,897	0,300	0,342
15,0	1,314	0,06005	-0,124	0,001	1,000	0,485	1,000	21,882	0,413	0,345
16,0	1,123	0,12440	-0,081	0,001	1,000	0,053	1,000	9,031	0,445	0,322
17,0	1,047	0,14287	-0,072	0,001	1,000	0,029	1,000	7,328	0,329	0,319
18,0	0,972	0,16116	-0,069	0,001	1,000	0,021	1,000	6,033	0,291	0,321
19,0	0,898	0,17947	-0,066	0,001	1,000	0,017	1,000	5,005	0,284	0,323
20,0	0,826	0,20057	-0,064	0,001	1,000	0,013	1,000	4,121	0,278	0,327
21,0	0,758	0,22093	-0,062	0,001	1,000	0,011	1,000	3,432	0,261	0,332
22,0	0,695	0,24621	-0,062	0,001	1,000	0,011	1,000	2,822	0,236	0,340
23,0	0,636	0,26505	-0,064	0,001	1,000	0,011	1,000	2,400	0,219	0,350
24,0	0,582	0,28750	-0,066	0,001	1,000	0,013	1,000	2,025	0,216	0,363
25,0	0,530	0,31121	-0,068	0,001	1,000	0,014	1,000	1,702	0,214	0,377
26,0	0,480	0,33800	-0,069	0,001	1,000	0,015	1,000	1,421	0,209	0,395
27,0	0,436	0,36309	-0,071	0,001	1,000	0,016	1,000	1,200	0,215	0,414
28,0	0,396	0,38774	-0,072	0,001	1,000	0,017	1,000	1,022	0,227	0,432
29,0	0,361	0,42115	-0,073	0,001	1,000	0,017	1,000	0,857	0,222	0,453
30,0	0,330	0,44905	-0,074	0,000	1,000	0,017	1,000	0,734	0,218	0,475
31,0	0,302	0,48052	-0,075	0,000	1,000	0,018	1,000	0,628	0,217	0,498
32,0	0,277	0,51334	-0,076	0,000	1,000	0,018	1,000	0,539	0,200	0,524
33,0	0,255	0,53590	-0,077	0,000	1,000	0,019	1,000	0,475	0,184	0,554
34,0	0,235	0,56744	-0,079	0,000	1,000	0,020	1,000	0,414	0,180	0,585

35,0	0,217	0,59554	-0,080	0,000	1,000	0,021	1,000	0,365	0,173	0,618
36,0	0,201	0,63102	-0,081	0,000	1,000	0,021	1,000	0,319	0,166	0,654
37,0	0,187	0,66133	-0,083	0,000	1,000	0,022	1,000	0,283	0,167	0,692
38,0	0,174	0,68993	-0,084	0,000	1,000	0,023	1,000	0,252	0,165	0,730
39,0	0,162	0,72633	-0,085	0,000	1,000	0,023	1,000	0,223	0,163	0,772
40,0	0,152	0,75541	-0,085	0,000	1,000	0,024	1,000	0,201	0,162	0,813
41,0	0,142	0,79390	-0,086	0,000	1,000	0,024	1,000	0,179	0,155	0,858
42,0	0,133	0,81985	-0,087	0,000	1,000	0,025	1,000	0,163	0,148	0,904
43,0	0,125	0,86425	-0,088	0,000	1,000	0,025	1,000	0,145	0,148	0,952
44,0	0,118	0,89466	-0,089	0,000	1,000	0,025	1,000	0,132	0,922	1,000
45,0	0,112	0,94406	-0,079	0,000	0,530	0,026	0,530	0,118	0,994	0,956
46,0	0,106	0,97869	-0,079	-0,000	0,530	0,026	0,530	0,108	0,160	1,001
47,0	0,100	1,00587	-0,080	0,000	0,530	0,026	0,530	0,100	0,155	1,048
48,0	0,095	1,03406	-0,080	0,000	0,530	0,026	0,530	0,092	0,150	1,095
49,0	0,090	1,06606	-0,081	0,000	0,530	0,026	0,530	0,085	0,148	1,144

NACA 4416

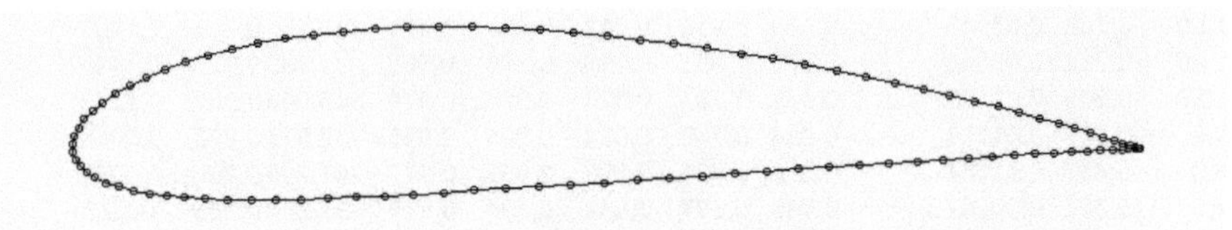

α	Ca	Cw	Cm 0.25		T.U.	T.L.	S.U.	S.L.	GZ	N.P.	D.P.
[°]	[-]	[-]	[-]	[-]	[-]	[-]	[-]	[-]	[-]	[-]	
-50,0	-0,331	1,00633	-0,036	0,502	0,004	0,502	0,032	-0,329	0,280	0,140	
-49,0	-0,344	0,97806	-0,036	0,502	0,004	0,502	0,034	-0,351	0,070	0,145	
-48,0	-0,355	0,94005	-0,041	0,986	0,004	0,989	0,034	-0,378	0,074	0,135	
-47,0	-0,368	0,89103	-0,040	0,986	0,004	0,989	0,035	-0,413	0,285	0,140	
-46,0	-0,381	0,85683	-0,040	0,986	0,004	0,988	0,036	-0,445	0,283	0,145	
-45,0	-0,395	0,83162	-0,039	0,985	0,004	0,988	0,036	-0,475	0,280	0,150	
-44,0	-0,410	0,79187	-0,039	0,985	0,004	0,988	0,037	-0,518	0,275	0,155	
-43,0	-0,426	0,75362	-0,039	0,983	0,004	0,989	0,038	-0,565	0,271	0,159	
-42,0	-0,443	0,71756	-0,038	0,981	0,004	0,989	0,038	-0,617	0,269	0,163	
-41,0	-0,461	0,68501	-0,038	0,979	0,004	0,989	0,039	-0,673	0,262	0,167	
-40,0	-0,480	0,65723	-0,038	0,978	0,004	0,989	0,040	-0,730	0,261	0,171	
-39,0	-0,500	0,62285	-0,038	0,976	0,004	0,989	0,041	-0,803	0,260	0,175	
-38,0	-0,522	0,59392	-0,037	0,975	0,004	0,989	0,042	-0,878	0,258	0,178	
-37,0	-0,544	0,55776	-0,037	0,974	0,004	0,989	0,042	-0,976	0,255	0,181	
-36,0	-0,568	0,52930	-0,037	0,972	0,005	0,989	0,044	-1,073	0,250	0,184	
-35,0	-0,593	0,49714	-0,037	0,971	0,005	0,989	0,045	-1,193	0,248	0,187	
-34,0	-0,619	0,46822	-0,037	0,970	0,005	0,989	0,047	-1,323	0,247	0,190	
-33,0	-0,647	0,44198	-0,037	0,969	0,005	0,989	0,048	-1,464	0,245	0,192	
-32,0	-0,676	0,41514	-0,038	0,968	0,005	0,988	0,050	-1,627	0,244	0,194	
-31,0	-0,705	0,38790	-0,038	0,967	0,005	0,988	0,052	-1,818	0,243	0,196	
-30,0	-0,735	0,35956	-0,038	0,965	0,005	0,988	0,053	-2,045	0,241	0,198	
-29,0	-0,766	0,33712	-0,038	0,963	0,005	0,988	0,056	-2,273	0,237	0,200	
-28,0	-0,797	0,31110	-0,039	0,961	0,006	0,988	0,058	-2,563	0,234	0,201	
-27,0	-0,828	0,28903	-0,039	0,959	0,006	0,988	0,062	-2,865	0,233	0,203	
-26,0	-0,858	0,26679	-0,040	0,957	0,006	0,988	0,065	-3,216	0,230	0,204	
-25,0	-0,886	0,24578	-0,040	0,955	0,007	0,987	0,068	-3,607	0,227	0,204	
-24,0	-0,913	0,22595	-0,041	0,950	0,007	0,988	0,071	-4,039	0,219	0,205	
-23,0	-0,936	0,20646	-0,042	0,942	0,008	0,989	0,077	-4,533	0,207	0,205	
-22,0	-0,955	0,18779	-0,043	0,933	0,008	0,990	0,082	-5,086	0,191	0,205	
-21,0	-0,969	0,17064	-0,044	0,924	0,009	0,992	0,088	-5,680	0,145	0,205	
-20,0	-0,978	0,15386	-0,045	0,910	0,010	0,993	0,097	-6,353	-0,043	0,204	
-19,0	-0,979	0,13765	-0,047	0,903	0,011	0,993	0,108	-7,111	0,897	0,202	
-18,0	-0,972	0,12176	-0,049	0,899	0,012	0,993	0,122	-7,987	0,431	0,200	
-17,0	-0,958	0,10698	-0,051	0,895	0,014	0,993	0,141	-8,951	0,357	0,197	
-16,0	-0,933	0,09344	-0,053	0,891	0,014	0,992	0,163	-9,987	0,341	0,193	
-15,0	-0,901	0,07932	-0,056	0,860	0,015	0,995	0,199	-11,365	0,335	0,188	

-14,0	-0,860	0,06572	-0,059	0,851	0,015	0,995	0,245	-13,092	0,325	0,181
-13,0	-0,811	0,05289	-0,063	0,838	0,016	0,995	0,304	-15,325	0,350	0,173
-12,0	-0,762	0,03545	-0,069	0,816	0,018	0,995	0,451	-21,505	0,383	0,160
-11,0	-0,712	0,02041	-0,076	0,801	0,019	0,995	0,669	-34,889	0,356	0,144
-10,0	-0,645	0,01327	-0,081	0,782	0,021	0,995	0,879	-48,603	0,301	0,124
-9,0	-0,547	0,01151	-0,084	0,740	0,024	0,995	0,955	-47,573	0,273	0,096
-8,0	-0,437	0,01048	-0,086	0,724	0,027	0,995	0,977	-41,735	0,266	0,053
-7,0	-0,322	0,00867	-0,088	0,697	0,034	0,994	0,987	-37,132	0,265	-0,022
-6,0	-0,203	0,00892	-0,089	0,667	0,049	0,994	0,992	-22,727	0,264	-0,191
-5,0	-0,081	0,00860	-0,091	0,608	0,062	0,993	0,993	-9,459	0,264	-0,869
-4,0	0,042	0,00827	-0,093	0,580	0,076	0,992	0,995	5,027	0,264	2,482
-3,0	0,165	0,00756	-0,095	0,556	0,115	0,991	0,996	21,877	0,264	0,822
-2,0	0,290	0,00802	-0,096	0,479	0,152	0,990	0,997	36,121	0,265	0,583
-1,0	0,413	0,00792	-0,098	0,443	0,204	0,989	0,998	52,192	0,265	0,488
0,0	0,536	0,00782	-0,100	0,417	0,271	0,987	0,998	68,532	0,266	0,437
1,0	0,658	0,00766	-0,102	0,398	0,550	0,986	0,999	85,906	0,266	0,405
2,0	0,780	0,00671	-0,104	0,384	0,675	0,984	0,999	116,311	0,266	0,383
3,0	0,900	0,00870	-0,106	0,366	0,805	0,980	0,999	103,543	0,266	0,368
4,0	1,020	0,00916	-0,108	0,340	0,862	0,975	0,999	111,284	0,266	0,356
5,0	1,137	0,00963	-0,110	0,313	0,892	0,971	0,998	118,158	0,267	0,346
6,0	1,252	0,01049	-0,112	0,285	0,909	0,966	0,998	119,341	0,267	0,339
7,0	1,363	0,01201	-0,114	0,238	0,920	0,957	0,999	113,423	0,267	0,333
8,0	1,467	0,01310	-0,115	0,206	0,949	0,946	0,994	111,954	0,266	0,329
9,0	1,558	0,01693	-0,117	0,100	0,955	0,914	0,994	92,028	0,266	0,325
10,0	1,643	0,02017	-0,118	0,052	0,961	0,890	0,994	81,463	0,268	0,322
11,0	1,718	0,02251	-0,119	0,043	0,966	0,862	0,994	76,311	0,268	0,320
12,0	1,779	0,02652	-0,121	0,022	0,970	0,826	0,994	67,081	0,269	0,318
13,0	1,831	0,03036	-0,122	0,015	0,974	0,792	0,994	60,302	0,272	0,316
14,0	1,870	0,03471	-0,123	0,013	0,976	0,754	0,994	53,873	0,279	0,316
15,0	1,892	0,03980	-0,123	0,011	0,978	0,718	0,995	47,537	0,303	0,315
16,0	1,896	0,04629	-0,124	0,010	0,979	0,674	0,995	40,969	0,119	0,315
17,0	1,886	0,05426	-0,124	0,009	0,981	0,628	0,996	34,760	0,234	0,316
18,0	1,864	0,06358	-0,125	0,008	0,982	0,583	1,000	29,319	0,245	0,317
19,0	1,831	0,07426	-0,125	0,007	0,984	0,540	0,999	24,655	0,257	0,318
20,0	1,786	0,08750	-0,124	0,006	0,992	0,491	0,995	20,411	0,258	0,319
21,0	1,732	0,10153	-0,124	0,006	0,993	0,451	0,996	17,056	0,255	0,321
22,0	1,663	0,11801	-0,123	0,006	0,993	0,410	1,000	14,095	0,258	0,324
23,0	1,591	0,13642	-0,123	0,005	0,994	0,371	1,000	11,659	0,265	0,327
24,0	1,512	0,15898	-0,121	0,005	0,994	0,325	1,000	9,508	0,273	0,330
25,0	1,431	0,18555	-0,119	0,004	0,995	0,277	1,000	7,710	0,279	0,333
26,0	1,351	0,21420	-0,116	0,004	1,000	0,233	1,000	6,306	0,281	0,336
27,0	1,275	0,24299	-0,114	0,003	1,000	0,198	1,000	5,246	0,281	0,340
28,0	1,202	0,27265	-0,112	0,003	1,000	0,168	1,000	4,408	0,280	0,343
29,0	1,133	0,30169	-0,110	0,003	1,000	0,144	1,000	3,756	0,274	0,347
30,0	1,069	0,33010	-0,109	0,003	1,000	0,129	1,000	3,239	0,275	0,352
31,0	1,007	0,36017	-0,107	0,002	1,000	0,111	1,000	2,797	0,275	0,356
32,0	0,951	0,39019	-0,106	0,002	1,000	0,101	1,000	2,436	0,262	0,361
33,0	0,898	0,41941	-0,105	0,002	1,000	0,094	1,000	2,140	0,259	0,367
34,0	0,848	0,44846	-0,105	0,002	1,000	0,087	1,000	1,890	0,265	0,374
35,0	0,800	0,48041	-0,104	0,002	1,000	0,079	1,000	1,666	0,273	0,380

36,0	0,756	0,51295	-0,103	0,002	1,000	0,071	1,000	1,474	0,269	0,386
37,0	0,716	0,54465	-0,102	0,001	1,000	0,067	1,000	1,314	0,255	0,393
38,0	0,678	0,57784	-0,102	0,001	1,000	0,064	1,000	1,173	0,252	0,401
39,0	0,643	0,61054	-0,102	0,001	1,000	0,061	1,000	1,053	0,256	0,409
40,0	0,610	0,64440	-0,102	0,001	1,000	0,058	1,000	0,946	0,257	0,417
41,0	0,579	0,67685	-0,102	0,001	1,000	0,055	1,000	0,856	0,257	0,426
42,0	0,551	0,71681	-0,102	0,001	1,000	0,052	1,000	0,769	0,258	0,434
43,0	0,525	0,75262	-0,101	0,001	1,000	0,050	1,000	0,697	0,257	0,443
44,0	0,500	0,78875	-0,101	0,001	1,000	0,048	1,000	0,634	0,253	0,453
45,0	0,477	0,82452	-0,101	0,001	1,000	0,047	1,000	0,579	0,528	0,462
46,0	0,456	0,86644	-0,089	0,001	0,530	0,045	0,530	0,526	0,551	0,445
47,0	0,436	0,90612	-0,089	0,001	0,530	0,044	0,530	0,481	0,260	0,454
48,0	0,418	0,94403	-0,089	0,001	0,530	0,042	0,530	0,443	0,264	0,462
49,0	0,401	0,97980	-0,088	0,001	0,530	0,040	0,530	0,409	0,266	0,471

NACA8312

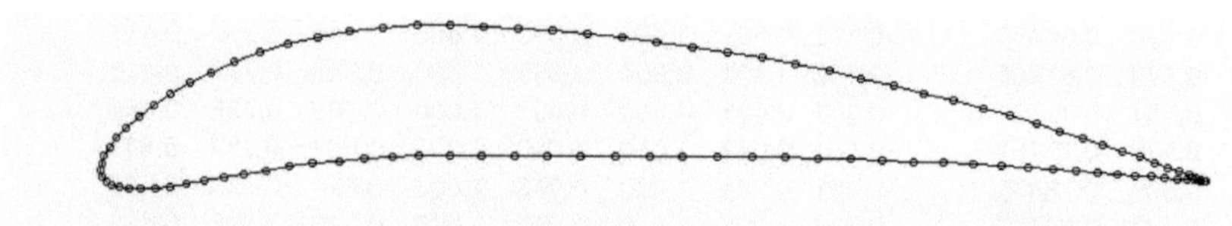

α	Ca	Cw	Cm 0.25		T.U.	T.L.	S.U.	S.L.	GZ	N.P.	D.P.
[°]	[-]	[-]	[-]	[-]	[-]	[-]	[-]	[-]	[-]	[-]	
-50,0	-0,099	0,91136		-0,108	0,974	0,003	0,985	0,034	-0,109	0,758	-0,840
-49,0	-0,102	0,88486		-0,106	0,974	0,003	0,985	0,034	-0,116	0,762	-0,788
-48,0	-0,106	0,85252		-0,105	0,974	0,003	0,985	0,033	-0,124	0,721	-0,737
-47,0	-0,110	0,83967		-0,103	0,973	0,003	0,985	0,033	-0,131	0,682	-0,688
-46,0	-0,114	0,80997		-0,101	0,973	0,003	0,985	0,032	-0,140	0,648	-0,639
-45,0	-0,118	0,79296		-0,100	0,973	0,003	0,985	0,032	-0,149	0,596	-0,594
-44,0	-0,123	0,75858		-0,098	0,972	0,003	0,985	0,032	-0,162	0,583	-0,549
-43,0	-0,128	0,74992		-0,096	0,972	0,003	0,985	0,031	-0,170	0,586	-0,505
-42,0	-0,133	0,70613		-0,095	0,972	0,003	0,985	0,030	-0,188	0,542	-0,462
-41,0	-0,139	0,68209		-0,093	0,971	0,003	0,984	0,030	-0,203	0,503	-0,422
-40,0	-0,145	0,66710		-0,092	0,971	0,003	0,984	0,030	-0,217	0,505	-0,383
-39,0	-0,151	0,63891		-0,090	0,970	0,003	0,983	0,029	-0,237	0,506	-0,344
-38,0	-0,158	0,61170		-0,088	0,970	0,003	0,984	0,028	-0,259	0,483	-0,306
-37,0	-0,166	0,59367		-0,087	0,969	0,002	0,983	0,027	-0,280	0,441	-0,271
-36,0	-0,174	0,56988		-0,085	0,969	0,003	0,983	0,027	-0,306	0,434	-0,239
-35,0	-0,183	0,53953		-0,083	0,968	0,003	0,982	0,025	-0,339	0,417	-0,207
-34,0	-0,192	0,52982		-0,082	0,968	0,002	0,981	0,025	-0,363	0,384	-0,177
-33,0	-0,202	0,50630		-0,081	0,967	0,003	0,980	0,024	-0,399	0,371	-0,150
-32,0	-0,213	0,47141		-0,080	0,967	0,003	0,980	0,024	-0,452	0,354	-0,124
-31,0	-0,224	0,43976		-0,079	0,957	0,003	0,986	0,023	-0,510	0,335	-0,100
-30,0	-0,237	0,42622		-0,078	0,953	0,003	0,987	0,023	-0,555	0,323	-0,078
-29,0	-0,250	0,39883		-0,077	0,951	0,003	0,987	0,023	-0,626	0,323	-0,057
-28,0	-0,263	0,37650		-0,076	0,949	0,003	0,987	0,022	-0,700	0,335	-0,037
-27,0	-0,278	0,34290		-0,074	0,947	0,003	0,987	0,021	-0,811	0,335	-0,017
-26,0	-0,293	0,32535		-0,073	0,945	0,004	0,986	0,020	-0,901	0,349	0,000
-25,0	-0,309	0,30124		-0,071	0,943	0,004	0,986	0,019	-1,024	0,325	0,019
-24,0	-0,324	0,28475		-0,071	0,940	0,004	0,986	0,019	-1,140	0,330	0,032
-23,0	-0,340	0,26103		-0,069	0,924	0,004	0,989	0,016	-1,304	0,342	0,048
-22,0	-0,356	0,23999		-0,068	0,919	0,004	0,990	0,016	-1,483	0,309	0,059
-21,0	-0,370	0,22028		-0,067	0,914	0,004	0,990	0,015	-1,682	0,279	0,069
-20,0	-0,384	0,20138		-0,067	0,909	0,005	0,990	0,016	-1,904	0,233	0,075
-19,0	-0,394	0,18469		-0,067	0,896	0,005	0,992	0,016	-2,134	0,174	0,079
-18,0	-0,401	0,16345		-0,068	0,878	0,005	0,992	0,018	-2,454	0,033	0,079
-17,0	-0,403	0,14860		-0,069	0,865	0,005	0,992	0,019	-2,713	0,808	0,078
-16,0	-0,399	0,13232		-0,070	0,857	0,005	0,993	0,020	-3,013	0,299	0,075

-15,0	-0,386	0,11748	-0,070	0,849	0,005	0,993	0,020	-3,288	0,306	0,068
-14,0	-0,365	0,10483	-0,072	0,825	0,005	0,993	0,023	-3,478	0,289	0,053
-13,0	-0,330	0,09358	-0,072	0,811	0,006	0,993	0,024	-3,532	0,278	0,031
-12,0	-0,285	0,08278	-0,074	0,799	0,006	0,993	0,026	-3,440	0,281	-0,010
-11,0	-0,229	0,07299	-0,075	0,766	0,007	0,993	0,029	-3,133	0,280	-0,080
-10,0	-0,163	0,06438	-0,078	0,753	0,007	0,993	0,033	-2,527	0,280	-0,227
-9,0	-0,087	0,05681	-0,080	0,703	0,008	0,993	0,036	-1,538	0,275	-0,661
-8,0	-0,004	0,05015	-0,082	0,678	0,010	0,993	0,040	-0,078	0,286	-20,752
-7,0	0,086	0,04415	-0,086	0,654	0,010	0,993	0,050	1,957	0,298	1,245
-6,0	0,182	0,03896	-0,091	0,626	0,011	0,993	0,064	4,677	0,313	0,747
-5,0	0,283	0,03411	-0,098	0,561	0,013	0,993	0,093	8,296	0,336	0,597
-4,0	0,389	0,02976	-0,108	0,313	0,015	0,990	0,147	13,086	0,450	0,528
-3,0	0,593	0,00936	-0,160	0,309	0,018	0,989	0,998	63,354	0,412	0,520
-2,0	0,717	0,00940	-0,162	0,305	0,020	0,988	0,999	76,282	0,261	0,475
-1,0	0,838	0,01007	-0,163	0,302	0,025	0,987	0,999	83,222	0,262	0,444
0,0	0,954	0,01010	-0,164	0,299	0,042	0,986	0,999	94,537	0,263	0,422
1,0	1,072	0,00932	-0,166	0,296	0,055	0,983	0,999	115,013	0,263	0,405
2,0	1,188	0,01173	-0,168	0,293	0,089	0,980	1,000	101,323	0,264	0,391
3,0	1,303	0,01199	-0,169	0,291	0,128	0,976	1,000	108,664	0,264	0,380
4,0	1,418	0,01105	-0,171	0,288	0,988	0,973	0,994	128,348	0,265	0,371
5,0	1,531	0,01166	-0,173	0,283	0,991	0,970	0,995	131,314	0,267	0,363
6,0	1,643	0,01252	-0,175	0,275	0,992	0,965	0,999	131,211	0,267	0,356
7,0	1,750	0,01331	-0,177	0,267	0,993	0,955	0,999	131,508	0,267	0,351
8,0	1,857	0,01415	-0,179	0,261	0,995	0,948	1,000	131,203	0,269	0,346
9,0	1,956	0,01509	-0,181	0,255	0,999	0,940	0,999	129,621	0,272	0,342
10,0	2,031	0,01634	-0,182	0,244	1,000	0,925	1,000	124,323	0,277	0,340
11,0	2,093	0,01767	-0,184	0,235	1,000	0,913	1,000	118,478	0,216	0,338
12,0	2,083	0,03428	-0,181	0,010	1,000	0,771	1,000	60,772	-0,271	0,337
13,0	2,099	0,03946	-0,181	0,005	1,000	0,730	1,000	53,203	0,656	0,336
14,0	2,085	0,04607	-0,181	0,001	1,000	0,685	1,000	45,252	0,237	0,337
15,0	2,048	0,05290	-0,182	0,000	1,000	0,648	1,000	38,704	0,242	0,339
16,0	1,989	0,06085	-0,182	-0,000	1,000	0,610	1,000	32,679	0,247	0,342
17,0	1,911	0,07011	-0,182	-0,000	1,000	0,571	1,000	27,252	0,247	0,345
18,0	1,820	0,08021	-0,183	-0,001	1,000	0,538	1,000	22,693	0,246	0,350
19,0	1,719	0,09157	-0,183	-0,001	1,000	0,506	1,000	18,773	0,249	0,356
20,0	1,610	0,10507	-0,183	-0,001	1,000	0,470	1,000	15,319	0,249	0,364
21,0	1,500	0,11935	-0,183	-0,001	1,000	0,441	1,000	12,566	0,251	0,372
22,0	1,387	0,13706	-0,182	-0,001	1,000	0,404	1,000	10,120	0,256	0,382
23,0	1,278	0,15638	-0,182	-0,001	1,000	0,371	1,000	8,174	0,256	0,392
24,0	1,175	0,17754	-0,181	-0,001	1,000	0,339	1,000	6,617	0,259	0,404
25,0	1,077	0,20208	-0,180	-0,001	1,000	0,307	1,000	5,328	0,284	0,417
26,0	0,979	0,24040	-0,174	-0,001	1,000	0,246	1,000	4,072	0,401	0,428
27,0	0,872	0,30601	-0,149	-0,001	1,000	0,105	1,000	2,850	0,492	0,421
28,0	0,792	0,35004	-0,129	-0,001	1,000	0,048	1,000	2,264	0,426	0,413
29,0	0,728	0,38197	-0,124	-0,001	1,000	0,036	1,000	1,906	0,335	0,420
30,0	0,670	0,41390	-0,119	-0,001	1,000	0,028	1,000	1,619	0,329	0,428
31,0	0,618	0,44865	-0,115	-0,001	1,000	0,022	1,000	1,377	0,306	0,436
32,0	0,570	0,47900	-0,113	-0,001	1,000	0,019	1,000	1,191	0,251	0,449
33,0	0,528	0,51172	-0,115	-0,001	1,000	0,019	1,000	1,032	0,202	0,468
34,0	0,489	0,54155	-0,117	-0,001	1,000	0,020	1,000	0,904	0,218	0,490

35,0	0,454	0,57499	-0,117	-0,001	1,000	0,019	1,000	0,790	0,207	0,508
36,0	0,423	0,60872	-0,120	-0,001	1,000	0,020	1,000	0,694	0,172	0,534
37,0	0,394	0,64164	-0,122	-0,001	1,000	0,020	1,000	0,614	0,186	0,560
38,0	0,368	0,67597	-0,124	-0,001	1,000	0,021	1,000	0,544	0,190	0,586
39,0	0,344	0,70789	-0,125	-0,001	1,000	0,021	1,000	0,486	0,193	0,614
40,0	0,322	0,74662	-0,126	-0,001	1,000	0,020	1,000	0,431	0,188	0,642
41,0	0,302	0,78514	-0,128	-0,001	1,000	0,020	1,000	0,385	0,183	0,672
42,0	0,284	0,82989	-0,129	-0,001	1,000	0,020	1,000	0,342	0,627	0,704
43,0	0,267	0,86407	-0,114	-0,001	0,528	0,020	0,528	0,309	0,650	0,678
44,0	0,250	0,89997	-0,115	-0,001	0,528	0,020	0,528	0,278	0,188	0,711
45,0	0,235	0,93738	-0,116	-0,001	0,528	0,020	0,528	0,251	0,184	0,744
46,0	0,222	0,97620	-0,117	-0,001	0,528	0,020	0,528	0,227	0,180	0,779
47,0	0,209	1,01627	-0,118	-0,001	0,528	0,020	0,528	0,206	0,176	0,815
48,0	0,198	1,05752	-0,119	-0,001	0,528	0,019	0,528	0,187	0,164	0,852
49,0	0,187	1,09797	-0,120	-0,001	0,528	0,019	0,528	0,170	0,153	0,892

NACA12411

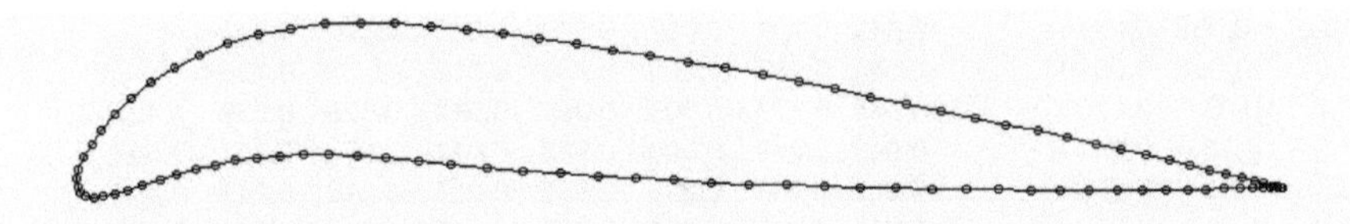

α	Ca	Cw	Cm 0.25		T.U.	T.L.	S.U.	S.L.	GZ	N.P.	D.P.
[°]	[-]	[-]	[-]	[-]	[-]	[-]	[-]	[-]	[-]	[-]	
-50,0	-0,049	0,73843		-0,157	0,965	0,005	0,972	0,029	-0,066	3,484	-2,983
-49,0	-0,050	0,71732		-0,153	0,964	0,005	0,972	0,029	-0,069	3,280	-2,831
-48,0	-0,051	0,71054		-0,150	0,964	0,005	0,972	0,029	-0,072	3,170	-2,685
-47,0	-0,052	0,67561		-0,146	0,963	0,005	0,972	0,029	-0,077	3,063	-2,534
-46,0	-0,054	0,65921		-0,142	0,963	0,005	0,973	0,029	-0,082	2,800	-2,391
-45,0	-0,055	0,64079		-0,138	0,963	0,005	0,973	0,028	-0,086	2,624	-2,251
-44,0	-0,057	0,61584		-0,134	0,962	0,005	0,973	0,028	-0,092	2,398	-2,115
-43,0	-0,059	0,59737		-0,131	0,961	0,005	0,973	0,028	-0,098	2,254	-1,986
-42,0	-0,060	0,57776		-0,127	0,961	0,005	0,973	0,028	-0,105	2,167	-1,858
-41,0	-0,062	0,55462		-0,124	0,960	0,005	0,974	0,028	-0,112	2,030	-1,734
-40,0	-0,064	0,53299		-0,120	0,960	0,005	0,973	0,027	-0,121	1,858	-1,615
-39,0	-0,067	0,51939		-0,117	0,959	0,005	0,974	0,027	-0,128	1,738	-1,503
-38,0	-0,069	0,49756		-0,113	0,959	0,005	0,974	0,027	-0,139	1,666	-1,393
-37,0	-0,072	0,48057		-0,110	0,958	0,005	0,974	0,027	-0,149	1,560	-1,288
-36,0	-0,074	0,45647		-0,107	0,957	0,005	0,974	0,027	-0,162	1,459	-1,188
-35,0	-0,077	0,43886		-0,103	0,956	0,005	0,974	0,027	-0,175	1,393	-1,092
-34,0	-0,080	0,41474		-0,100	0,956	0,005	0,974	0,026	-0,193	1,305	-1,000
-33,0	-0,083	0,39825		-0,097	0,955	0,004	0,974	0,026	-0,209	1,220	-0,914
-32,0	-0,087	0,37740		-0,094	0,954	0,004	0,974	0,026	-0,229	1,142	-0,831
-31,0	-0,090	0,35890		-0,091	0,952	0,004	0,975	0,025	-0,251	1,070	-0,755
-30,0	-0,094	0,34374		-0,088	0,950	0,004	0,975	0,025	-0,273	1,025	-0,682
-29,0	-0,098	0,32898		-0,085	0,948	0,004	0,975	0,024	-0,298	0,964	-0,614
-28,0	-0,102	0,31053		-0,082	0,946	0,004	0,976	0,024	-0,329	0,927	-0,550
-27,0	-0,106	0,29176		-0,079	0,944	0,004	0,976	0,023	-0,365	0,893	-0,490
-26,0	-0,111	0,27625		-0,076	0,941	0,004	0,977	0,023	-0,402	0,847	-0,434
-25,0	-0,116	0,25776		-0,073	0,934	0,004	0,979	0,022	-0,449	0,806	-0,383
-24,0	-0,121	0,27449		-0,071	0,924	0,004	0,981	0,022	-0,439	0,764	-0,336
-23,0	-0,125	0,25355		-0,068	0,920	0,003	0,981	0,021	-0,495	0,748	-0,295
-22,0	-0,130	0,23437		-0,066	0,916	0,003	0,982	0,020	-0,556	0,737	-0,256
-21,0	-0,135	0,21583		-0,064	0,912	0,003	0,982	0,020	-0,625	0,740	-0,222
-20,0	-0,139	0,19949		-0,061	0,906	0,003	0,982	0,019	-0,698	0,780	-0,191
-19,0	-0,143	0,18605		-0,059	0,880	0,003	0,986	0,019	-0,768	0,838	-0,165
-18,0	-0,146	0,16893		-0,058	0,865	0,003	0,987	0,018	-0,863	1,076	-0,144
-17,0	-0,147	0,15654		-0,056	0,848	0,003	0,987	0,017	-0,942	2,653	-0,127
-16,0	-0,147	0,14471		-0,054	0,819	0,003	0,989	0,017	-1,018	-0,972	-0,117
-15,0	-0,145	0,12914		-0,052	0,770	0,003	0,990	0,016	-1,120	-0,125	-0,111
-14,0	-0,139	0,11851		-0,051	0,339	0,003	0,990	0,016	-1,171	0,064	-0,116
-13,0	-0,128	0,10823		-0,049	0,321	0,002	0,990	0,015	-1,186	0,131	-0,133

-12,0	-0,112	0,09923	-0,048	0,309	0,003	0,990	0,014	-1,133	0,179	-0,174
-11,0	-0,089	0,08903	-0,046	0,300	0,002	0,989	0,013	-1,004	0,196	-0,269
-10,0	-0,058	0,09344	-0,045	0,291	0,002	0,989	0,012	-0,618	0,222	-0,524
-9,0	-0,016	0,08104	-0,044	0,283	0,002	0,989	0,012	-0,198	0,239	-2,520
-8,0	0,037	0,07065	-0,044	0,277	0,003	0,989	0,012	0,528	0,239	1,422
-7,0	0,103	0,06147	-0,043	0,272	0,003	0,988	0,011	1,676	0,241	0,667
-6,0	0,181	0,05321	-0,042	0,268	0,003	0,987	0,011	3,410	0,241	0,484
-5,0	0,272	0,04745	-0,041	0,261	0,004	0,987	0,010	5,726	0,242	0,403
-4,0	0,372	0,04271	-0,041	0,254	0,005	0,986	0,009	8,716	0,246	0,360
-3,0	0,481	0,03806	-0,041	0,249	0,006	0,984	0,009	12,628	0,250	0,334
-2,0	0,594	0,03784	-0,041	0,244	0,006	0,981	0,009	15,692	0,254	0,319
-1,0	0,709	0,03640	-0,041	0,240	0,006	0,978	0,009	19,470	0,255	0,308
0,0	1,019	0,01134	-0,043	0,236	0,007	0,974	0,011	89,864	0,256	0,292
1,0	1,153	0,01130	-0,044	0,231	0,007	0,968	0,012	101,950	0,267	0,288
2,0	1,265	0,01166	-0,047	0,226	0,008	0,957	0,016	108,518	0,279	0,287
3,0	1,374	0,01219	-0,050	0,222	0,009	0,943	0,021	112,712	0,279	0,287
4,0	1,478	0,01294	-0,053	0,218	0,012	0,919	0,026	114,267	0,290	0,286
5,0	1,579	0,01376	-0,059	0,215	0,015	0,893	0,039	114,757	0,313	0,287
6,0	1,674	0,01520	-0,066	0,212	0,018	0,858	0,063	110,085	0,316	0,289
7,0	1,762	0,01701	-0,071	0,210	0,028	0,818	0,087	103,582	0,314	0,290
8,0	1,844	0,01932	-0,076	0,207	0,038	0,769	0,120	95,434	0,548	0,291
9,0	1,920	0,02297	-0,118	0,204	0,049	0,717	1,000	83,607	0,538	0,311
10,0	1,994	0,02627	-0,119	0,199	0,066	0,667	1,000	75,880	0,269	0,310
11,0	2,062	0,03051	-0,121	0,194	0,086	0,617	1,000	67,588	0,271	0,309
12,0	2,127	0,03547	-0,122	0,190	0,102	0,569	1,000	59,980	0,276	0,307
13,0	2,196	0,04002	-0,124	0,186	1,000	0,536	1,000	54,868	0,281	0,307
14,0	2,260	0,04611	-0,126	0,183	1,000	0,502	1,000	49,017	0,285	0,306
15,0	2,324	0,05255	-0,129	0,179	1,000	0,474	1,000	44,224	0,233	0,305
16,0	2,333	0,09810	-0,125	-0,004	1,000	0,354	1,000	23,779	0,246	0,304
17,0	2,367	0,10877	-0,128	-0,004	1,000	0,347	1,000	21,761	11,562	0,304
18,0	2,333	0,11978	-0,132	-0,004	1,000	0,341	1,000	19,479	0,172	0,307
19,0	2,273	0,13159	-0,136	-0,004	1,000	0,336	1,000	17,274	0,198	0,310
20,0	2,189	0,14404	-0,140	-0,004	1,000	0,330	1,000	15,195	0,209	0,314
21,0	2,084	0,15726	-0,144	-0,004	1,000	0,326	1,000	13,254	0,214	0,319
22,0	1,965	0,17120	-0,148	-0,004	1,000	0,321	1,000	11,478	0,216	0,325
23,0	1,836	0,18625	-0,152	-0,004	1,000	0,317	1,000	9,858	0,217	0,333
24,0	1,702	0,20151	-0,156	-0,004	1,000	0,313	1,000	8,447	0,217	0,342
25,0	1,568	0,21771	-0,161	-0,004	1,000	0,309	1,000	7,204	0,216	0,352
26,0	1,438	0,23492	-0,165	-0,004	1,000	0,305	1,000	6,121	0,214	0,365
27,0	1,314	0,25219	-0,170	-0,004	1,000	0,301	1,000	5,209	0,212	0,379
28,0	1,197	0,27105	-0,175	-0,004	1,000	0,297	1,000	4,416	0,208	0,396
29,0	1,089	0,29027	-0,179	-0,004	1,000	0,293	1,000	3,752	0,204	0,415
30,0	0,990	0,30961	-0,184	-0,004	1,000	0,290	1,000	3,199	0,201	0,436
31,0	0,893	0,33070	-0,189	-0,004	1,000	0,286	1,000	2,699	0,199	0,462
32,0	0,801	0,35239	-0,194	-0,004	1,000	0,282	1,000	2,274	0,194	0,492
33,0	0,720	0,37624	-0,199	-0,004	1,000	0,278	1,000	1,914	0,187	0,526
34,0	0,648	0,40009	-0,203	-0,004	1,000	0,273	1,000	1,621	0,180	0,564
35,0	0,585	0,42363	-0,208	-0,004	1,000	0,269	1,000	1,381	0,172	0,606
36,0	0,529	0,45048	-0,213	-0,004	1,000	0,263	1,000	1,174	0,169	0,652
37,0	0,479	0,47965	-0,217	-0,004	1,000	0,254	1,000	0,998	0,165	0,702

38,0	0,435	0,51224	-0,221	-0,004	1,000	0,245	1,000	0,849	1,141	0,758
39,0	0,375	0,64404	-0,124	-0,004	1,000	0,012	1,000	0,582	0,145	0,581
40,0	0,361	0,57825	-0,228	-0,004	1,000	0,229	1,000	0,624	-2,227	0,882
41,0	0,331	0,60974	-0,233	-0,004	1,000	0,224	1,000	0,542	0,582	0,954
42,0	0,304	0,63738	-0,209	-0,004	0,523	0,225	0,523	0,477	0,640	0,939
43,0	0,280	0,67003	-0,213	-0,004	0,523	0,219	0,523	0,418	0,097	1,011
44,0	0,258	0,70645	-0,216	-0,004	0,523	0,213	0,523	0,365	0,089	1,089
45,0	0,239	0,74354	-0,220	-0,003	0,523	0,206	0,523	0,321	0,092	1,171
46,0	0,221	0,78196	-0,222	-0,003	0,523	0,197	0,523	0,283	0,103	1,256
47,0	0,205	0,82282	-0,225	-0,003	0,523	0,187	0,523	0,249	0,120	1,345
48,0	0,191	0,86749	-0,226	-0,003	0,523	0,176	0,523	0,220	0,167	1,436
49,0	0,178	0,91789	-0,227	-0,003	0,523	0,162	0,523	0,193	0,205	1,527

		Spezifischer Lift ΔL		72er LEGO	LEGO-Porter
		N/m^2		N	kN
Anströmgeschwindigkeit		100 km/h	200 km/h	100 km/h	100 km/h
Profil	$c_a(\alpha=10°)$	28 m/s	56 m/s	28 m/s	28 m/s
Platte 0005	0.74	348.1	1392.4	696	10.440
Platte 0305	1.00	470.4	1881.6	940	14.100
Platte 0505	1.44	677.4	2709.5	1354	20.310
NACA 0010	1.00	470.4	1881.6	940	14.100
NACA 5410	1.59	747.9	2991.7	1494	22.410
NACA 4416	1.77	832.6	3330.4	1664	24.960
NACA8312	2.0	940.8	3763.2	1880	28.200
NACA12411	2.4	1128.9	4515.8	2256	33.840
		Start	Reise	Start	Start

BEI GRIN MACHT SICH IHR WISSEN BEZAHLT

- Wir veröffentlichen Ihre Hausarbeit,
  Bachelor- und Masterarbeit

- Ihr eigenes eBook und Buch -
  weltweit in allen wichtigen Shops

- Verdienen Sie an jedem Verkauf

Jetzt bei www.GRIN.com hochladen
und kostenlos publizieren